"十三五"国家重点出版物出版规划项目

岩石力学与工程研究著作丛书

中等应变速率花岗岩的动态力学特性研究

夏　祥　李海波　李俊如　刘世奇　著

科学出版社

北　京

内 容 简 介

岩石在动态荷载作用下的力学特性研究是岩石动力学和岩石力学领域的前沿课题和难点课题。本书结合作者多年来积累的岩石动力学研究成果，对花岗岩试样在动态荷载作用下、中等应变速率范围内的力学特性进行了系统的试验和模型研究。书中对试样进行动态劈裂拉伸、动态轴向拉伸、有侧压的动态直接拉伸、动态单轴压缩、动态三轴压缩等试验研究，通过试验研究试样在动拉应力和动压应力作用下的强度及变形特性；在试验研究的基础上，采用币状裂纹模型和滑移型裂纹模型，并将基于 Taylor 方法的裂纹区域扩展模式和亚临界裂纹扩展准则等应用于上述模型，建立花岗岩在动态拉应力和压应力作用下的裂纹扩展准则及本构方程，进行花岗岩的动态力学模型研究。

本书可供从事岩石动力学研究的科研人员和研究生参考，对土木工程、水电工程、地下工程和矿山工程等领域的工程技术人员和大专院校师生也具有指导意义。

图书在版编目(CIP)数据

中等应变速率花岗岩的动态力学特性研究 / 夏祥等著. —北京：科学出版社，2019.9

（岩石力学与工程研究著作丛书）

"十三五"国家重点出版物出版规划项目

ISBN 978-7-03-059953-7

Ⅰ. ①中… Ⅱ. ①夏… Ⅲ. ①花岗岩-岩石力学-力学性能-研究 Ⅳ. ①P588.12

中国版本图书馆 CIP 数据核字(2018)第274195号

责任编辑：刘宝莉 / 责任校对：郭瑞芝
责任印制：吴兆东 / 封面设计：陈 敬

科学出版社 出版

北京东黄城根北街 16 号
邮政编码：100717
http://www.sciencep.com

北京中石油彩色印刷有限责任公司 印刷

科学出版社发行 各地新华书店经销

*

2019 年 9 月第 一 版 开本：720×1000 1/16
2020 年 1 月第二次印刷 印张：10 3/4
字数：217 000

定价：85.00 元

（如有印装质量问题，我社负责调换）

《岩石力学与工程研究著作丛书》序

随着西部大开发等相关战略的实施，国家重大基础设施建设正以前所未有的速度在全国展开：在建、拟建水电工程达 30 多项，大多以地下硐室(群)为其主要水工建筑物，如龙滩、小湾、三板溪、水布垭、虎跳峡、向家坝等水电站，其中白鹤滩水电站的地下厂房高达 90m、宽达 35m、长 400 多米；锦屏二级水电站 4 条引水隧道，单洞长 16.67km，最大埋深 2525m，是世界上埋深与规模均为最大的水工引水隧洞；规划中的南水北调西线工程的隧洞埋深大多在 400~900m，最大埋深 1150m。矿产资源与石油开采向深部延伸，许多矿山采深已达 1200m 以上。高应力的作用使得地下工程冲击地压显现剧烈，岩爆危险性增加，巷(隧)道变形速度加快、持续时间长。城镇建设与地下空间开发、高速公路与高速铁路建设日新月异。海洋工程(如深海石油与矿产资源的开发等)也出现方兴未艾的发展势头。能源地下储存、高放核废物的深地质处置、天然气水合物的勘探与安全开采、CO_2 地下隔离等已引起高度重视，有的已列入国家发展规划。这些工程建设提出了许多前所未有的岩石力学前沿课题和亟待解决的工程技术难题。例如，深部高应力下地下工程安全性评价与设计优化问题，高山峡谷地区高陡边坡的稳定性问题，地下油气储库、高放核废物深地质处置库以及地下 CO_2 隔离层的安全性问题，深部岩体的分区碎裂化的演化机制与规律，等等。这些难题的解决迫切需要岩石力学理论的发展与相关技术的突破。

近几年来，863 计划、973 计划、"十一五"国家科技支撑计划、国家自然科学基金重大研究计划以及人才和面上项目、中国科学院知识创新工程项目、教育部重点(重大)与人才项目等，对攻克上述科学与工程技术难题陆续给予了有力资助，并针对重大工程在设计和施工过程中遇到的技术难题组织了一些专项科研，吸收国内外的优势力量进行攻关。在各方面的支持下，这些课题已经取得了很多很好的研究成果，并在国家重点工程建设中发挥了重要的作用。目前组织国内同行将上述领域所研究的成果进行了系统的总结，并出版《岩石力学与工程研究著作丛书》，值得钦佩、支持与鼓励。

该丛书涉及近几年来我国围绕岩石力学学科的国际前沿、国家重大工程建设中所遇到的工程技术难题的攻克等方面所取得的主要创新性研究成果，包括深部及其复杂条件下的岩体力学的室内、原位实验方法和技术，考虑复杂条件与过程(如高应力、高渗透压、高应变速率、温度-水流-应力-化学耦合)的岩体力学特性、变形破裂过程规律及其数学模型、分析方法与理论，地质超前预报方法与技术，工程地质灾害预测预报与防治措施，断续节理岩体的加固止裂机理与设计方法，灾害环境下重大工程的安全性，岩石工程实时监测技术与应用，岩石工程施工过程仿真、动态反馈分析与设计优化，典型与特殊岩石工程(海底隧道、深埋长隧洞、高陡边坡、膨胀岩工程等)超规范的设计与实践实例，等等。

　　岩石力学是一门应用性很强的学科。岩石力学课题来自于工程建设，岩石力学理论以解决复杂的岩石工程技术难题为生命力，在工程实践中检验、完善和发展。该丛书较好地体现了这一岩石力学学科的属性与特色。

　　我深信《岩石力学与工程研究著作丛书》的出版，必将推动我国岩石力学与工程研究工作的深入开展，在人才培养、岩石工程建设难题的攻克以及推动技术进步方面将会发挥显著的作用。

2007 年 12 月 8 日

《岩石力学与工程研究著作丛书》编者的话

近 20 年来，随着我国许多举世瞩目的岩石工程不断兴建，岩石力学与工程学科各领域的理论研究和工程实践得到较广泛的发展，科研水平与工程技术能力得到大幅度提高。在岩石力学与工程基本特性、理论与建模、智能分析与计算、设计与虚拟仿真、施工控制与信息化、测试与监测、灾害性防治、工程建设与环境协调等诸多学科方向与领域都取得了辉煌成绩。特别是解决岩石工程建设中的关键性复杂技术疑难问题的方法，973 计划、863 计划、国家自然科学基金等重大、重点课题研究成果，为我国岩石力学与工程学科的发展发挥了重大的推动作用。

应科学出版社诚邀，由国际岩石力学学会副主席、岩土力学与工程国家重点实验室主任冯夏庭教授和黄理兴研究员策划，先后在武汉市与葫芦岛市召开《岩石力学与工程研究著作丛书》编写研讨会，组织我国岩石力学工程界的精英们参与本丛书的撰写，以反映我国近期在岩石力学与工程领域研究取得的最新成果。本丛书内容涵盖岩石力学与工程的理论研究、试验方法、试验技术、计算仿真、工程实践等各个方面。

本丛书编委会编委由 75 位来自全国水利水电、煤炭石油、能源矿山、铁道交通、资源环境、市镇建设、国防科研领域的科研院所、大专院校、工矿企业等单位与部门的岩石力学与工程界精英组成。编委会负责选题的审查，科学出版社负责稿件的审定与出版。

在本丛书的策划、组织与出版过程中，得到了各专著作者与编委的积极响应；得到了各界领导的关怀与支持，中国岩石力学与工程学会理事长钱七虎院士特为丛书作序；中国科学院武汉岩土力学研究所冯夏庭教授、黄理兴研究员与科学出版社刘宝莉编辑做了许多烦琐而有成效的工作，在此一并表示感谢。

"21 世纪岩土力学与工程研究中心在中国"，这一理念已得到世人的共识。我们生长在这个年代里，感到无限的幸福与骄傲，同时我们也感觉到肩上的责任重大。我们组织编写这套丛书，希望能真实反映我国岩石力学与工程的现状与成果，希望对读者有所帮助，希望能为我国岩石力学学科发展与工程建设贡献一份力量。

《岩石力学与工程研究著作丛书》

编辑委员会

2007 年 11 月 28 日

前　　言

岩石材料在动荷载作用下的力学特性是研究岩石结构(如地下隧道、洞室、岩质边坡和基坑等)在爆炸荷载及地震荷载作用下的稳定性和安全性的重要参数，也是研究爆炸冲击波及地震波在岩石介质中的传播规律的基本资料。例如，在基础和边坡的爆破开挖过程中，爆炸应力波从爆源向周围岩土介质中传播，将对保留岩体造成不同程度的损伤。研究岩体的损伤效应，确定爆炸荷载作用下基岩的损伤范围从而选择合理的支护结构，这些都依赖于对岩石动态特性(包括强度和变形特性)的了解；同时，为了确保在爆炸荷载作用下邻近建筑物和结构的安全，有必要对爆炸振动效应进行控制，而这些则依赖于对爆炸应力波衰减规律的了解，同样需要对岩石的动态强度、变形特性进行研究。一般情况下，岩石的拉伸强度远小于压缩强度，而爆炸和地震等动荷载作用下产生的压缩波在不同介质交界面处由于反射形成拉伸波，严重影响岩石结构的稳定性，给工程造成极大的安全隐患。因此，完整、全面地认识岩石动态力学特性和损伤、破坏机理对评价岩石结构的完整性和稳定性、保证工程安全具有十分重要的意义，是工程界迫切需要解决的关键问题。

岩石的动态力学特性研究是岩石动力学研究的重要课题，这方面的工作较早源于核安全防护及地震工程的研究。随着我国一大批水电、核电和隧道工程的营建，以及采矿工程的持续性需求，岩石的动态力学特性研究有了较大的发展。然而，由于试验设备、试验手段的局限性及动力学问题本身的复杂性，岩石动态力学特性的研究远远落后于静力学方面，某些领域的研究仅处于起步阶段。虽然国内外研究人员对岩石在动荷载作用下的强度及变形特性做了一些卓有成效的研究工作，但是这些工作主要集中在试验方面，而且大部分仅限于简单应力作用下的试验研究，对较为复杂的应力状态如动态三轴压缩、岩石动态直接单轴拉伸及有侧压的岩石动态直接拉伸等力学特性研究较少。相应地，岩石动态力学特性的理论和模型研究也不够完善。

本书结合作者二十年来在材料动态力学特性的试验和模型研究，系统介绍花岗岩的动态断裂特性、动态单轴压缩和拉伸试验、动态三轴压缩试验及有侧压的动态直接拉伸试验成果(对应第1～5章)；在此基础上，采用滑移型裂纹模型、币状裂纹模型和基于 Taylor 方法的裂纹区域扩展模式推导岩石动态力学特性的理论解，包括理论强度、断裂韧度和本构模型等(对应第6～9章)。

书中花岗岩动态压缩力学特性的试验和模型研究由李海波、夏祥撰写，动态拉伸力学特性的试验和模型研究由刘世奇、夏祥撰写，全书试验研究成果部分由李俊如校核，刘亚群、邓守春完成审校。

本书研究工作得到国家自然科学基金重点项目 (51439008) 和面上项目 (41572307 和 51779248) 的资助，作者在此表示衷心感谢。

由于作者水平有限，书中难免存在不足之处，恳请读者批评指正。

目　　录

第1章 花岗岩的动态断裂特性

岩石动态断裂特性的研究主要通过试验进行，大部分集中在岩石动态断裂韧度的率相关特性研究上。Costin[1]对油页岩进行了加载速率为 $10^0 \sim 10^4 \text{MPa} \cdot \text{m}^{1/2}/\text{s}$ 的动态断裂试验，发现油页岩的动态断裂韧度值明显高于静态断裂韧度值。吴绵拔[2]对大理岩和花岗岩进行的动态断裂韧度试验也表明，两种岩石的动态断裂韧度与加载速率的对数成正比，而且增长趋势基本相同。

目前对于岩石动态断裂特性机理的研究尚不完善。一般认为是高加载速率下岩石的黏性效应导致动态断裂韧度的增加。对岩石动态断裂试样的破坏面的扫描电镜观测结果分析表明，破坏面的粗糙度随着加载速率的提高而增加，并且主裂纹周围出现分叉裂纹，因此材料破坏时需要更多的外荷载作用，导致断裂韧度增大。

本章主要通过试验确定花岗岩试样的动态断裂韧度随加载速率的变化规律，为后续的理论研究提供基本数据。

1.1 试样制备及试验设备

动态断裂试验所用的花岗岩岩芯均取自新加坡武吉知马(Bukit Timah)地区，加工成 140mm×30mm×15mm 的长方体试样。在试样下端的正中部，用精密刀具切成 V 形贯穿裂纹，裂纹的前缘宽度小于 0.3mm，裂纹的深度约为试样高度的 40%。图 1.1 为一组花岗岩试样试验前后的照片。

试验是在中国科学院武汉岩土力学研究所生产的 RDT-10000 型岩石动态荷载试验机上进行的，图 1.2 为该试验机断裂试验加载系统示意图。试验机由加载架、动载部分及数据采集系统组成。动载部分是该试验机的核心部分，采用油气混合加载装置。在试验过程中，气阀 3 首先打开，压缩空气进入气缸 C 中，使得活塞 B 向上移动封住油管。这时，位于动态荷载试验机右下方的支撑系统启动以平衡活塞 B 的压力。随后，气阀 2 打开，压缩空气进入气缸

(a) 试验前

(b) 试验后

图 1.1　动态断裂花岗岩试样照片

B，气阀 3 打开，气缸 C 中的空气排出。此后，气缸 A 中的气压增加到一定值(足以导致试样破坏)，同时油缸中的油压也增加以平衡气缸中的气压。然后，快速释放支撑设备，活塞 B 将在气缸 B 中的气压作用下向下移动，启开油管，使得油缸 A 中的压缩油体快速射入油缸 B 中，进而带动加载活塞向上移动对试样施加动荷载。图 1.2 所示的调节阀调节从油缸 A 射入油缸 B 中压缩油体的速度进而控制加载活塞的作用时间，从而得到不同加载速率的动荷载。当最大轴向荷载为 100kN 时，该试验机产生的动荷载最快的荷载作用时间为 8ms，最大的活塞行程为 25mm。

　　数据采集系统由计算机和高速率的数据采集仪组成。试验中，动态应力采用应力计测量，裂纹嘴的张开位移采用自制的引伸仪测量。

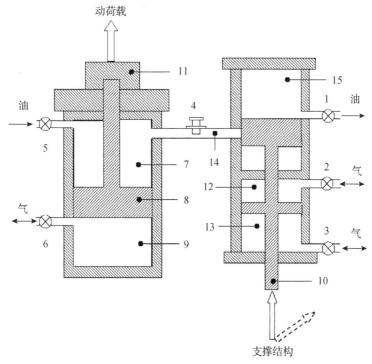

图 1.2　RDT-10000 型岩石动态荷载试验机断裂试验加载系统

1, 5. 油阀；2, 3, 6. 气阀；4. 调节阀；7. 油缸 A；8. 活塞；9. 气缸 A；10. 活塞 B；
11. 加载盘；12. 气缸 B；13. 气缸 C；14. 油管；15. 油缸 B

1.2　试验结果及分析

动态断裂试验采用三点弯曲法，图 1.3 为三点弯曲法的示意图及相应的加载设备。

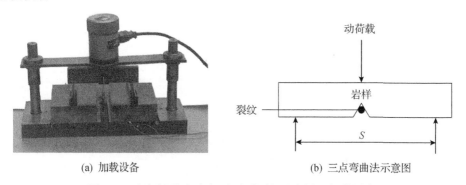

(a) 加载设备　　　　　　　　　　　(b) 三点弯曲法示意图

图 1.3　动态断裂试验(三点弯曲法)示意图及加载设备

花岗岩的动态断裂韧度由式 (1.1) 确定[3]：

$$\begin{cases} K_{\mathrm{Id}}^{\mathrm{c}} = \dfrac{P_{\max}S}{BW^{3/2}} f\left(\dfrac{a}{W}\right) \\ f\left(\dfrac{a}{W}\right) = 2.9\left(\dfrac{a}{W}\right)^{\frac{1}{2}} - 4.6\left(\dfrac{a}{W}\right)^{\frac{3}{2}} + 21.8\left(\dfrac{a}{W}\right)^{\frac{5}{2}} - 37.6\left(\dfrac{a}{W}\right)^{\frac{7}{2}} + 38.7\left(\dfrac{a}{W}\right)^{\frac{9}{2}} \end{cases}$$

$$(1.1)$$

式中，$K_{\mathrm{Id}}^{\mathrm{c}}$ 为动态断裂韧度；$P_{\max}$ 为试样破坏时加载点的最大荷载；S 为试样的跨距；B、W、a 分别为试样的高度、宽度及裂纹的长度。

平均加载速率为

$$\dot{K}_{\mathrm{Id}} = \frac{K_{\mathrm{Id}}^{\mathrm{c}}}{t_{\mathrm{d}}} \qquad (1.2)$$

式中，t_{d} 为动态加载时间，即达到最大荷载 $P_{\max}$ 所需要的时间，ms。

花岗岩的动态断裂试验结果见表 1.1 及图 1.4 和图 1.5，可见花岗岩的动态断裂韧度随加载速率的增加以及加载时间的减少有较明显的增加趋势[2]。基于试验数据的拟合公式为

$$K_{\mathrm{Id}}^{\mathrm{c}} = \begin{cases} 0.117\lg\dot{K}_{\mathrm{Id}} + 1.364, & \text{加载速率} \\ -0.118\lg t_{\mathrm{d}} + 1.719, & \text{加载时间} \end{cases} \qquad (1.3)$$

表 1.1 花岗岩的动态断裂试验结果

试样编号	加载时间/ms	加载速率/(MPa·m$^{1/2}$/s)	断裂韧度/(MPa·m$^{1/2}$)
39	7120	1.32×10^{-1}	0.94
7	15920	0.79×10^{-1}	1.26
31	21280	0.71×10^{-1}	1.51
8	40960	0.29×10^{-1}	1.21
32	50	2.90×10^{1}	1.45
36	45	3.77×10^{1}	1.70
37	56	2.52×10^{1}	1.41

试样编号	加载时间/ms	加载速率/(MPa·m^{1/2}/s)	断裂韧度/(MPa·m^{1/2})
1	12	1.26×10^2	1.52
5	16	0.95×10^2	1.52
9	16	1.04×10^2	1.67
30	14	0.86×10^2	1.21
35	10	1.71×10^2	1.71
2	1	1.89×10^3	1.89
3	1	1.80×10^3	1.80

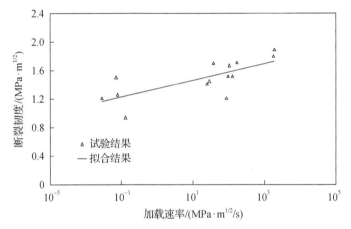

图 1.4　花岗岩的断裂韧度与加载速率的关系

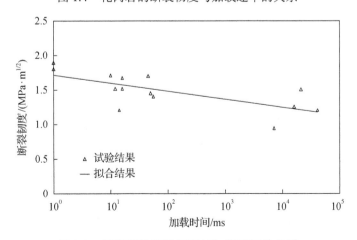

图 1.5　花岗岩的断裂韧度与加载时间的关系

图 1.6 为不同加载速率下花岗岩的裂纹尖端应力强度因子(stress intensity factor，SIF)和裂纹嘴张开位移(crack mouth opening displacement，CMOD)时程曲线。可以看出，在四种加载速率下，裂纹基本上是在裂纹尖端的应力强度因子达到材料的断裂韧度后才开始扩展。表现在图 1.6 中，即当 SIF 达到最大值时，CMOD 才开始扩展。值得注意的是，图 1.6 中，SIF 由式(1.1)及记录的荷载时程曲线确定，计算过程中，裂纹长度 a 保持不变，因此随着裂纹的扩展及卸载作用，SIF 在超过峰值(韧度)之后下降，但实际的裂纹尖端应力强度因子应该在达到材料的韧度之后保持为常数(断裂韧度值)。

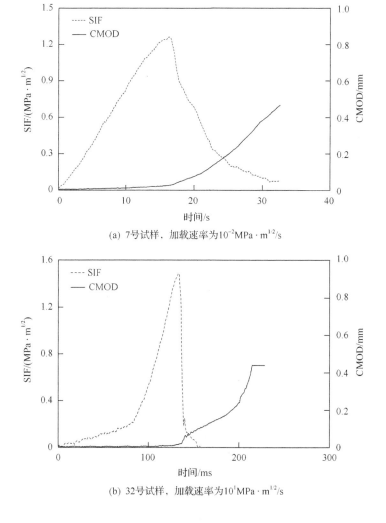

(a) 7号试样，加载速率为10^{-2}MPa·m$^{1/2}$/s

(b) 32号试样，加载速率为10^{1}MPa·m$^{1/2}$/s

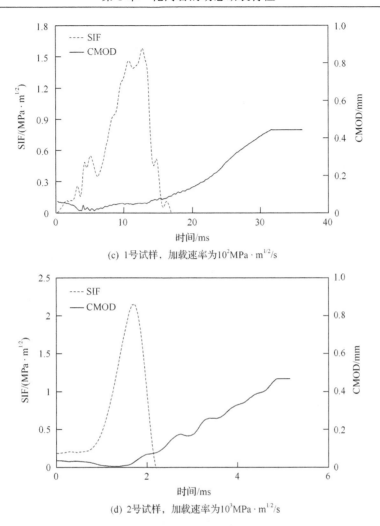

(c) 1号试样，加载速率为10^2MPa·m$^{1/2}$/s

(d) 2号试样，加载速率为10^3MPa·m$^{1/2}$/s

图 1.6　不同加载速率下花岗岩的 SIF 和 CMOD 时程曲线

第2章 动态单轴压应力作用下的力学特性试验

岩石的单轴抗压强度一般随着应变速率的增加而增加，同时，强度的增加幅度随岩石的类型及应变速率范围的不同而不同。一般认为，在单轴向荷载作用下，当应变速率小于某一临界值(如 $1s^{-1}$、$100s^{-1}$)时，岩石的强度随应变速率的增加而小幅度增加；当应变速率大于临界值后，岩石的强度随应变速率的增加而大幅度增加。本章主要通过试验进一步研究单轴压缩荷载作用下，花岗岩的单轴抗压强度随应变速率的变化规律，同时探讨花岗岩的弹性模量、泊松比及应力-应变关系在不同应变速率下的特性。

2.1 试样制备及试验设备

动态单轴压应力作用下的力学特性试验采用的试样取自新加坡武吉知马地区，由 55mm 的岩芯加工而成。试样尺寸为 $\phi30mm \times 60mm$。试样的两端磨平，其表面不平整度小于 0.02mm，端面的不垂直度小于 0.001rad。

所有试验均在 RDT-10000 型岩石动态荷载试验机上进行，王武林等[4]、Zhao 等[5]详细描述了该试验机的各项性能指标。图 2.1 为该试验机压缩试验示意图，该试验机的动载部分采用气液(油)联合加载装置，如图 2.2 所示。动载部分主要由气缸、油缸、速泄阀、连接活塞、调节阀和加载活塞组成。试验时，预先将气缸 A、B 的气压调节到一定值，确保加载活塞上的出力能使花岗岩试样破坏。快速打开速泄阀门，气缸 B 中的压缩气体逸出，压力迅速降为零，此时连接活塞在气缸 A 压力的驱动下向下移动推动调节阀上部的油体快速通过调节阀并推动加载活塞对试样施加动荷载。改变调节阀的大小(过油面积)，可以改变油液通过调节阀的速度从而改变加载活塞输出的荷载速率。对应四种调节阀档位，对于强度较高的岩石可以施加 $10^{-4}s^{-1}$、$10^{-3}s^{-1}$、$10^{-2}s^{-1}$、10^0s^{-1} 四种应变速率的动荷载。

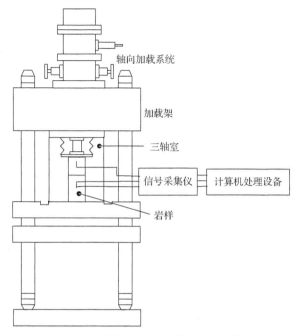

图 2.1　RDT-10000 型岩石动态荷载试验机压缩试验示意图

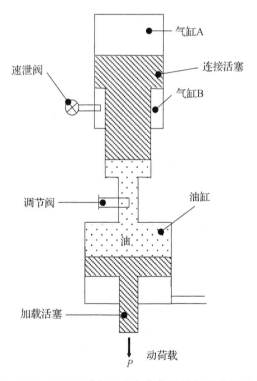

图 2.2　RDT-10000 型岩石动态荷载试验机动载部分原理

试验过程中，需要测量试样的轴向应力、轴向应变和环向应变。其中，试样的轴向应变和环向应变用粘贴在试样中部的应变片测量。轴向应力的测量是一种间接测量方法，它是通过测量放置于试样上部的特种钢的动态应变而实现的。由于特种钢在低应变速率段（小于 $10^2 s^{-1}$）的动态弹性模量与静态弹性模量相同，在实际试验中，首先在静荷载情况下对特种钢进行标定，得到其弹性模量值，然后根据粘贴在力柱上的应变片测量的应变时程曲线得到施加在花岗石试样上的轴向荷载时程曲线。

2.2 试验结果及分析

根据国际岩石力学学会试验方法委员会关于室内试验的建议方法[6]，岩石试样的强度取试样破坏时的最大荷载，岩石试样的弹性模量取应力-应变曲线初始段的平均斜率，泊松比也取应力-应变曲线初始段的横向应变除以纵向应变的平均值。应变速率为破坏应变除以相应的荷载作用时间。

表 2.1 为花岗岩的动态单轴压缩试验结果。可以看出，花岗岩的动态单轴抗压强度随应变速率的增加有较明显的增加趋势，如图 2.3 所示。不同应变速率下花岗岩的弹性模量及泊松比的结果比较发散（见图 2.4 和图 2.5），但总体上讲，可以将它们视为应变速率无关的量[7]。

表 2.1 花岗岩的动态单轴压缩试验结果

试样编号	应变速率/s⁻¹	抗压强度/MPa	弹性模量/GPa	泊松比
57	1.33×10^{-4}	245.7	70.78	0.212
65	1.69×10^{-4}	198.8	66.67	0.235
52	0.53×10^{-4}	171.1	68.91	0.315
51	1.34×10^{-3}	240.5	58.77	0.198
66	1.43×10^{-3}	210.6	70.55	0.192
5	0.72×10^{-3}	187.7	69.20	0.312
8	5.20×10^{-2}	178.7	54.45	0.159
9	7.45×10^{-2}	236.2	55.72	0.211
25	5.39×10^{-2}	277.3	70.34	0.293
7	0.76×10^{0}	235.6	69.51	0.258
54	0.81×10^{0}	251.5	62.65	0.225
38	0.78×10^{0}	218.3	58.35	0.230

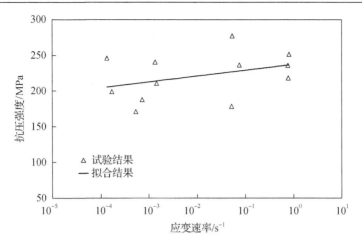

图 2.3　花岗岩的动态单轴抗压强度随应变速率的变化曲线

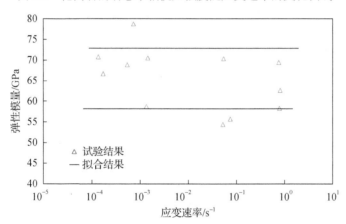

图 2.4　花岗岩的弹性模量随应变速率的变化曲线

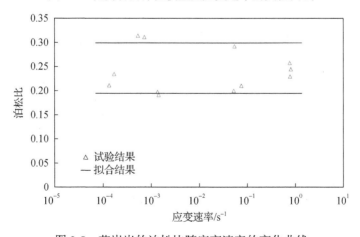

图 2.5　花岗岩的泊松比随应变速率的变化曲线

图 2.6 为动态单轴压应力作用下花岗岩的轴向应力、轴向应变及环向应变曲线。图 2.7 为不同应变速率下花岗岩的应力-应变关系曲线。在四种应变速率下，试样呈明显的脆性破坏模式，试样的破坏应变均在 4000με 左右。不同应变速率下，试样多呈现双锥体破坏模式，如图 2.8 所示。试验结果还表明，在动荷载作用下，试样具有较明显的剪胀现象，从图 2.7 可以看出，当轴向应力达到某一值后，试样的体积应变随应力的增加而减小，直至试样发生破坏。

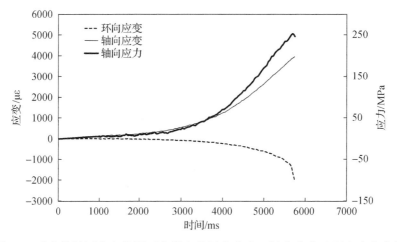

图 2.6 动态单轴压应力作用下花岗岩的轴向应力、轴向应变及环向应变曲线

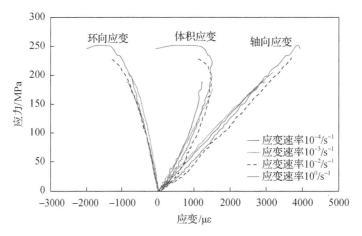

图 2.7 不同应变速率下花岗岩的应力-应变关系曲线

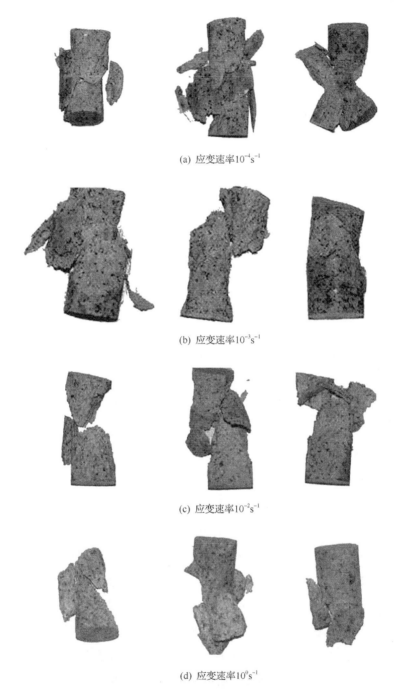

(a) 应变速率10^{-4}s^{-1}

(b) 应变速率10^{-3}s^{-1}

(c) 应变速率10^{-2}s^{-1}

(d) 应变速率10^{0}s^{-1}

图 2.8　不同应变速率下的试样破坏

第3章 动态单轴拉应力作用下的力学特性试验

巴西圆盘劈裂试验研究表明,岩石的抗拉强度一般随着加载速率(应变速率)的增加而增加,表现出明显的率相关特性,同时强度的增加幅度随岩石的类型及应变速率范围的不同而不同。值得指出的是,现有的研究成果大多是从巴西圆盘劈裂试验研究中得出,对于岩石在动态直接单轴拉伸荷载作用下的试验研究较少。本章主要通过试验进一步研究动态直接单轴拉伸荷载作用下花岗岩的抗拉强度随应变速率的变化规律,同时探讨花岗岩的弹性模量、泊松比及应力-应变关系在不同应变速率下的特性。

3.1 试样制备及试验设备

动态单轴拉应力作用下的力学特性试验设备采用 RDT-10000 型岩石动态荷载试验机(见 1.1 节)。试验过程中,测量试样的轴向应力、轴向应变和环向应变。其中,试样的轴向应变和环向应变用粘贴在试样中部的应变片测量。轴向应力的测量是一种间接测量方法,它是通过测量放置于试样上部的特种钢的动态应变而实现的。

图 3.1 为直接拉伸加载装置示意图。加载装置采用粘贴在试样两端的拉头施加拉力(拉力由拉压转换装置实现)。一般情况下,岩石的抗拉强度小于10MPa,普通胶水达不到上述强度,拉头和试样粘连处易脱开,会导致试验失败。中国科学院武汉岩土力学研究所研制的一种高强度的 RDT-10000 超强胶,其强度能达到 20MPa,超过绝大数岩石的抗拉强度,因此拉头与试样之间选用特制超强胶黏结。拉头小巧,整套夹具小而轻,满足动力试验要求。试验中,将长方体试样 1 用高强胶粘贴在试样上拉头 2-1 和下拉头 2-2 上,上拉头 2-1 和下拉头 2-2 各装在上拉轴 3-1、下拉轴 3-2 上,并按十字形布置,可以起到万向的接头作用,使得试样受拉时受力均匀。上拉轴 3-1 和下拉轴3-2 放入交叉相扣的拉压转换器 4 端头槽中,可在动态荷载试验机上进行动态直接拉伸加载。

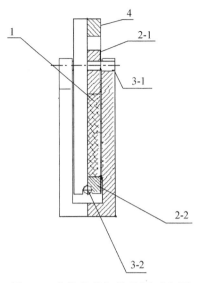

图 3.1　直接拉伸加载装置示意图

1. 长方体岩样；2-1. 上拉头；2-2. 下拉头；3-1. 上拉轴；3-2. 下拉轴；4. 拉压转换器

图 3.2 为试验的数据采集系统，主要由 YD28 型应变仪、RSJ1616 型信号采集仪和计算机等组成。

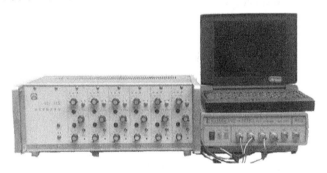

图 3.2　数据采集系统

YD28 型应变仪性能指标为：测量通道 6ch；最大输入信号为 ±100mV；应变最大量程为 ±100 000με；输入阻抗高于 100MΩ；线性误差不大于 ±0.1% FS；衰减档误差不大于 ±0.5% FS；频率响应范围为 0~2kHz。

RSJ1616 型信号采集仪的性能指标为：测量通道 6ch；最小采样时间 10μs；滤波范围为 0.1~35kHz；滤波误差小于 0.1%。

试验所采用的花岗岩试样取自岭澳核电站二期核岛基坑，试样尺寸为

80mm×20mm×20mm，为了避免试样的断裂部位出现在试样与接头的粘连部位，把接头加工成一凹槽，试样头部可以嵌入 5mm，试样与接头之间的连接采用 RDT-10000 超强胶黏结，如图 3.3 所示。

图 3.3　花岗岩试样

考虑到地震荷载作用下岩石的应变速率范围及所用动态荷载试验机的加载能力，试验采用 $10^{-5}s^{-1}$、$10^{-4}s^{-1}$、$10^{-3}s^{-1}$、$10^{-2}s^{-1}$、$10^{-1}s^{-1}$ 五种应变速率。图 3.4 为拉伸破坏后的试样，结果表明，在接头部位设置凹槽，可以有效地克服以往试样在端部开裂或破坏的弊端。

图 3.4　花岗岩破坏试样

3.2　试验结果及分析

3.2.1　应变速率对岩石抗拉强度的影响

岩石的抗拉强度与加载速率密切相关，这里用应变速率来表征加载的快慢，定义应变速率为拉伸应变对时间的导数，为简单起见，计算应变速率时采用如下近似公式：

$$\dot{\varepsilon} = \frac{\varepsilon_t}{t} \qquad\qquad (3.1)$$

式中，t 为试样拉伸破坏时间，即从加载到破坏所需的时间；ε_t 为试样破坏时的峰值处应变。

表 3.1 为不同应变速率下的花岗岩直接抗拉强度。定义岩石的动态抗拉强度增长因子（dynamic increase factor，DIF）为动荷载下的抗拉强度与静荷载

下的抗拉强度的比值。试验中，将最低应变速率 $10^{-5}s^{-1}$ 作为静态情况下的应变速率，为简单起见，分析中应变速率取动态应变速率与 $10^{-5}s^{-1}$ 的比值。图 3.5 为花岗岩抗拉强度随应变速率的变化曲线。从表 3.1 和图 3.5 可以看出，花岗岩的抗拉强度随着应变速率的增加呈明显增加的趋势，这与现有的研究规律一致。当应变速率从 $10^{-5}s^{-1}$ 增加到 $10^{-1}s^{-1}$ 时，抗拉强度提高了 62%，平均应变速率每增加一个数量级，抗拉强度提高 15%左右，而 Nemat-Nasser 等[8]认为强度的提高量为 10%。

表 3.1　不同应变速率下花岗岩的直接抗拉强度

试样编号	花岗岩直接抗拉强度/MPa				
	$10^{-5}s^{-1}$	$10^{-4}s^{-1}$	$10^{-3}s^{-1}$	$10^{-2}s^{-1}$	$10^{-1}s^{-1}$
1	6.41	6.88	8.28	8.46	9.46
2	6.82	7.34	7.85	9.69	11.56
3	5.77	8.03	9.46	9.11	9.80
平均值	6.33	7.42	8.53	9.09	10.27

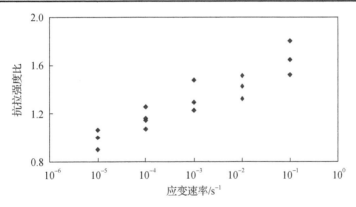

图 3.5　花岗岩的抗拉强度随应变速率的变化曲线

3.2.2　应变速率对岩石变形特性的影响

试样的变形是通过粘贴在试样表面的应变片测得的，由轴向应变片和横向应变片测得的轴向应变 ε_1 和横向应变 ε_2，试样的体积应变 ε_V 为

$$\varepsilon_V = \varepsilon_1 + 2\varepsilon_2 \tag{3.2}$$

图 3.6 为典型花岗岩试样的应力-应变曲线。图 3.7 为动态单轴拉应力作用下花岗岩的轴向应力、轴向应变和环向应变曲线。

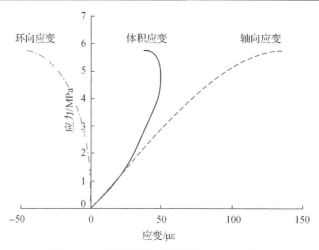

图 3.6　典型花岗岩试样的应力-应变曲线

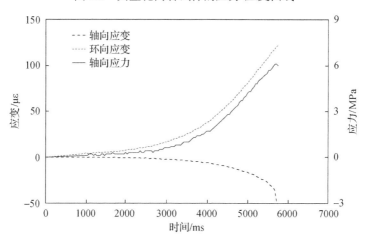

图 3.7　动态单轴拉应力作用下花岗岩的轴向应力、轴向应变和环向应变曲线

　　一般来讲，作用于岩石的拉应力在达到其抗拉强度的 40%～60% 前，可以认为岩石处于弹性阶段。现有研究表明，当拉伸应力低于某临界应力时，材料没有损伤发生，也没有微裂纹的扩展。所有的微裂纹只是经历弹性变形。试验中也发现在达到 50% 强度以前，应力-应变关系接近线性。因此，试样的弹性模量和泊松比可按如下公式确定[9]：

$$E = \frac{50\%破坏应力对应的轴向应力}{50\%破坏应力对应的轴向应变} \tag{3.3}$$

$$v = \frac{50\%破坏应力对应的轴向应变}{50\%破坏应力对应的横向应变} \tag{3.4}$$

　　定义拉伸弹性模量比为动态拉伸下的弹性模量与拟静态弹性模量(应变速率为 $10^{-5}s^{-1}$ 时的弹性模量)之比。图 3.8 为花岗岩的弹性模量随应变速率的变化关系。试验结果表明，随着应变速率的增加，岩石的弹性模量也相应有所增加，当应变速率分别为 $10^{-4}s^{-1}$、$10^{-3}s^{-1}$、$10^{-2}s^{-1}$ 和 $10^{-1}s^{-1}$ 时，花岗岩的弹性模量相对于应变速率为 $10^{-5}s^{-1}$ 时的弹性模量分别增加了 3%、7%、10%、14%，这一点与岩石的抗拉强度随着应变速率的增加而增加的规律相同，但是弹性模量随应变速率增加的幅度小于抗拉强度随应变速率增加的幅度，这一规律与岩石在单轴压缩下所表现出的规律一致。

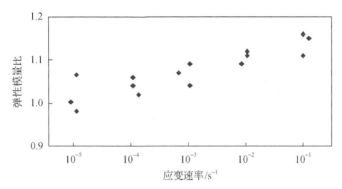

图 3.8　花岗岩的弹性模量随应变速率的变化关系

　　岩石的泊松比离散度较大，其变化规律在以往的研究中尚不多见。分析本次试验结果发现，泊松比变化范围为 0.18～0.28，从最小二乘法回归的直线来看，随着应变速率的增加，泊松比略有增加的趋势，但并不显著，可以用常数来表达。

　　材料破坏时峰值应力对应的应变即临界应变是反映材料破坏时所能承受的最大变形，对实际工程应用有着较为重要的意义。试验研究表明，随着应变速率的提高，花岗岩峰值应力处的拉伸应变明显增加。当应变速率为 $10^{-5}s^{-1}$ 时，花岗岩临界拉伸应变为 $120\mu\varepsilon$，而当应变速率为 $10^{-1}s^{-1}$ 时，其值为 $170\mu\varepsilon$，增幅为 42%。图 3.9 为花岗岩的临界应变随应变速率的变化关系，其中临界应变比的定义同弹性模量比。

　　岩石的抗拉强度多用巴西圆盘劈裂试验来确定[10,11]，后来改进为平台圆盘劈裂试验[12,13]。因此，这里将花岗岩的直接拉伸试验结果与完整巴西圆盘和平台圆盘的劈裂试验结果进行对比，如图 3.10 所示，其中平台圆盘试验中平台中心角为 $2\alpha = 20°$。图 3.11 为三种试验方法测得的花岗岩的弹性模量随加载速率的变化关系。

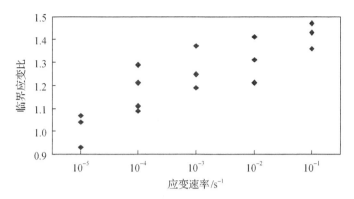

图 3.9 花岗岩的临界应变随应变速率的变化关系

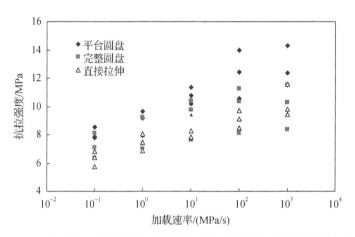

图 3.10 三种试验方法测得的花岗岩的抗拉强度随加载速率的变化关系

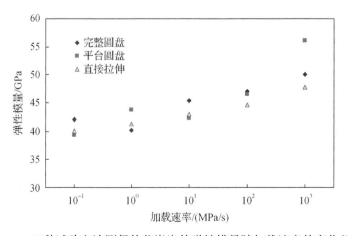

图 3.11 三种试验方法测得的花岗岩的弹性模量随加载速率的变化关系

由图 3.10 和图 3.11 可以看出，无论完整圆盘和平台圆盘的劈裂拉伸试验还是直接拉伸试验，花岗岩的抗拉强度和弹性模量均呈现出明显的率相关特性，即花岗岩的抗拉强度和弹性模量均随着应变速率(加载速率)的增加而增加，这与现有的研究结果一致。另外，对于花岗岩的抗拉强度，平台圆盘劈裂拉伸试验测得的结果最大，直接拉伸试验测得的结果最小。而由三种方法测得的花岗岩弹性模量整体相差不大。

第4章 动态三轴压应力作用下的力学特性试验

动态三轴压应力作用下岩体材料的力学特性研究是一个非常复杂的课题。迄今为止，岩石在不同围压下率相关特性的试验研究结果也不尽相同，例如，对于花岗岩的抗压强度、应变速率和围压的关系，研究者们得出了近乎相反的结论[14~16]。本章拟采用前述的 RDT-10000 型岩石动态荷载试验机施加动态三轴荷载的方法研究花岗岩的力学特性。

4.1 试样制备及试验设备

动态三轴压应力作用下的力学特性试验所采用的试样与动态单轴试验相同，试样取自新加坡武吉知马地区，试样尺寸为 $\phi30\text{mm}\times60\text{mm}$。试验也在 RDT-10000 型岩石动态荷载试验机上进行，其动载部分及数据采集系统与动态单轴试验相同。图 4.1 为岩石动态三向加压室示意图。试验过程中，围压通过高压油液施加，围压值通过安置在三轴室外的油压表测量。

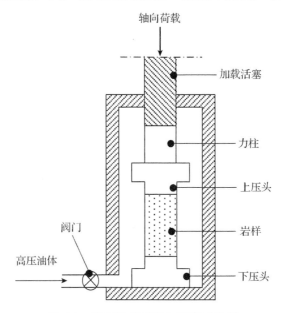

图 4.1 岩石动态三向加压室示意图

4.2　试验结果及分析

表 4.1 为花岗岩的动态三轴压缩试验结果。试验结果表明，在不同的围压下，花岗岩的抗压强度随应变速率的增加而增加，而抗压强度随应变速率的增加幅度随围压的提高有减小的趋势，如图 4.2 所示。不同围压下花岗岩的弹性模量及泊松比与应变速率之间没有明确的关系，如图 4.3 和图 4.4 所示。

表 4.1　花岗岩的动态三轴压缩试验结果

试样编号	围压/MPa	应变速率/s⁻¹	抗压强度/MPa	弹性模量/GPa	泊松比
21		0.62×10^{-4}	315.1	76.39	0.291
48	20	0.63×10^{-4}	237.8	72.34	0.249
73		0.57×10^{-4}	278.7	87.46	0.173
78		0.85×10^{-4}	560.7	70.55	0.277
2	50	0.93×10^{-4}	640.1	74.54	0.235
60		0.94×10^{-4}	530.0	73.56	0.236
27		1.18×10^{-4}	783.2	66.81	0.293
20	80	0.82×10^{-4}	759.1	83.58	0.249
4		1.91×10^{-4}	715.3	60.71	0.280
18		0.68×10^{-4}	830.6	64.78	0.273
81	110	1.75×10^{-4}	770.7	69.67	0.235
95		1.36×10^{-4}	959.5	91.91	0.248
82		1.17×10^{-4}	939.1	68.70	0.197
79	140	1.19×10^{-4}	994.2	88.09	0.254
75		1.64×10^{-4}	952.6	75.99	0.247
74		1.18×10^{-4}	1109.2	76.16	0.287
50	170	1.02×10^{-4}	914.0	69.58	0.289
80		1.13×10^{-4}	884.5	68.12	0.200
29		1.14×10^{-3}	379.4	65.55	0.298
58	20	1.32×10^{-3}	485.2	74.85	0.259
53		0.87×10^{-3}	414.7	45.59	0.336

试样编号	围压/MPa	应变速率/s^{-1}	抗压强度/MPa	弹性模量/GPa	泊松比
63		1.06×10^{-3}	623.3	85.17	0.255
89	50	1.02×10^{-3}	574.8	61.14	0.266
17		1.41×10^{-3}	593.0	63.20	0.288
41		0.71×10^{-3}	768.5	79.02	0.196
3	80	1.37×10^{-3}	901.0	77.45	0.292
14		1.60×10^{-3}	815.2	64.36	0.249
40		0.98×10^{-3}	787.7	78.41	0.268
59	110	0.48×10^{-3}	918.5	85.86	0.297
61		1.64×10^{-3}	828.4	51.63	0.292
15		1.66×10^{-3}	765.8	87.65	0.305
55	140	0.48×10^{-3}	862.2	79.55	0.223
92		1.66×10^{-3}	940.0	72.87	0.265
44		0.73×10^{-3}	1007.5	74.97	0.260
37	170	0.64×10^{-3}	1124.5	69.11	0.263
72		1.51×10^{-3}	1136.9	69.09	0.256
67		0.50×10^{-1}	407.9	61.21	0.299
19	20	0.74×10^{-1}	536.2	66.56	0.302
39		1.21×10^{-1}	442.5	71.06	0.225
32		0.86×10^{-1}	655.6	70.28	0.253
42	50	0.98×10^{-1}	552.9	73.25	0.260
93		0.86×10^{-1}	609.1	63.12	0.273
77		0.28×10^{-1}	932.5	88.33	0.321
33	80	1.11×10^{-1}	592.0	64.29	0.249
84		0.95×10^{-1}	773.2	72.51	0.298
30		1.53×10^{-1}	883.2	64.92	0.308
76	110	1.60×10^{-1}	856.3	63.91	0.315
68		1.24×10^{-1}	856.7	72.27	0.245
56		0.98×10^{-1}	875.8	77.99	0.232
45	140	1.54×10^{-1}	925.2	65.50	0.300
64		1.02×10^{-1}	1062.3	67.81	0.273

续表

试样编号	围压/MPa	应变速率/s⁻¹	抗压强度/MPa	弹性模量/GPa	泊松比
96		1.25×10^{-1}	1024.6	67.95	0.255
6	170	1.29×10^{-1}	1179.9	75.70	0.258
94		1.14×10^{-1}	1042.8	77.46	0.326
43		1.38×10^{0}	432.5	73.79	0.205
62	20	2.38×10^{0}	574.9	87.03	0.308
85		1.09×10^{0}	488.3	69.56	0.300
10		2.92×10^{0}	648.3	87.50	0.274
11	50	0.78×10^{0}	742.0	79.05	0.297
90		3.13×10^{0}	671.1	71.29	0.304
22		2.56×10^{0}	806.5	77.54	0.201
23	80	2.35×10^{0}	839.2	85.00	0.228
69		1.95×10^{0}	656.7	66.10	0.321
36		4.43×10^{0}	984.0	72.65	0.265
35	110	3.43×10^{0}	865.0	67.26	0.270
47		4.56×10^{0}	989.2	76.14	0.114
31		3.25×10^{0}	936.2	71.95	0.354
13	140	2.09×10^{0}	934.7	57.57	0.275
34		3.90×10^{0}	968.0	69.87	0.277
83		4.68×10^{0}	1027.9	61.41	0.276
86	170	4.26×10^{0}	1040.0	64.65	0.279
97		4.13×10^{0}	1049.0	62.74	0.295

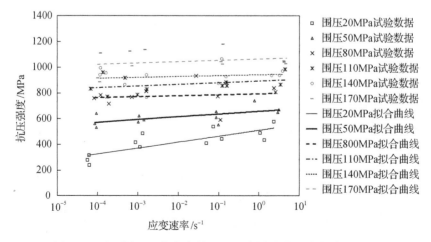

图 4.2　不同围压下花岗岩的抗压强度随应变速率的变化关系

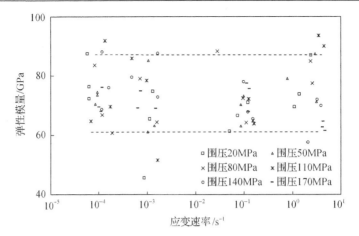

图 4.3　不同围压下花岗岩的弹性模量随应变速率的变化关系

注：两条虚线为置信区间

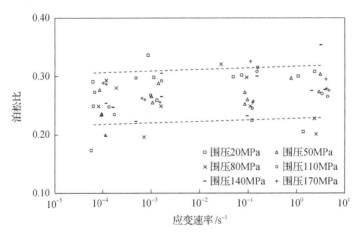

图 4.4　不同围压下花岗岩的泊松比随应变速率的变化关系

注：两条虚线为置信区间

试验结果还表明，花岗岩的抗压强度随围压的增加明显增加，在不同应变速率下，这种增加趋势基本相同，如图 4.5 所示。相比抗压强度而言，花岗岩的弹性模量及泊松比随围压的增加变化不大，仅有小幅增加的趋势，如图 4.6 和图 4.7 所示。

在三轴向压应力作用下，花岗岩呈现剪切破坏模式，破坏面与轴向应力的夹角在 20°～30°，如图 4.8 所示。图 4.9 和图 4.10 为不同应变速率及不同围压下花岗岩的应力-应变曲线。可以看出，花岗岩的破坏应变随应变速率的增加有很小幅度的增加趋势，而随围压的增加有明显的增加趋势，如图 4.11 所示。

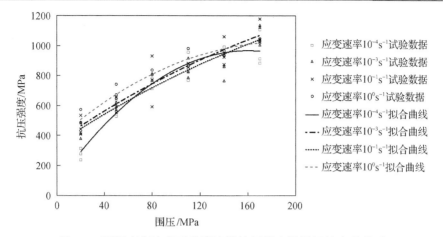

图 4.5　不同应变速率下花岗岩的抗压强度随围压的变化关系

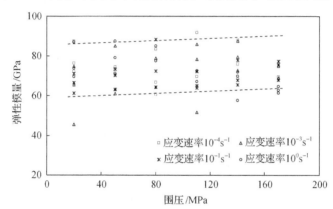

图 4.6　不同应变速率下花岗岩的弹性模量随围压的变化关系

注：两条虚线为置信区间

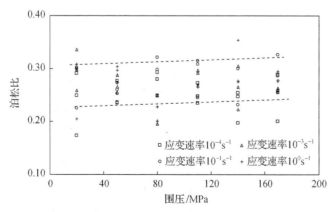

图 4.7　不同应变速率下花岗岩的泊松比随围压的变化关系

注：两条虚线为置信区间

(a) 应变速率10^{-4}s^{-1}

(b) 应变速率10^{-3}s^{-1}

(c) 应变速率10^{-1}s^{-1}

(d) 应变速率10^{0}s^{-1}

图 4.8　在三轴压应力作用下的试样破坏（围压为 50MPa）

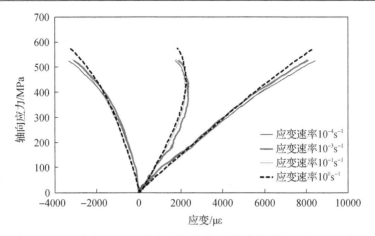

图 4.9　不同应变速率下花岗岩的应力-应变曲线（围压为 50MPa）

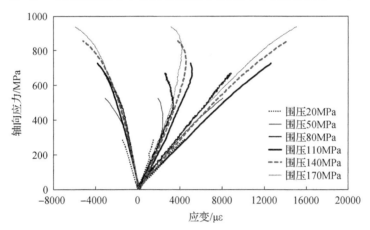

图 4.10　不同围压下花岗岩的应力-应变曲线（应变速率为 $10^{-4}s^{-1}$）

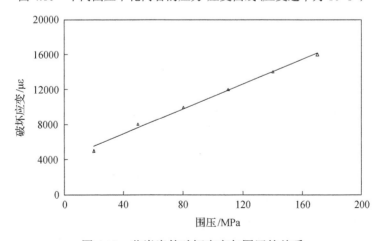

图 4.11　花岗岩的破坏应变与围压的关系

第5章　有侧压的动态直接拉伸力学特性试验

爆破是大型水利工程、地下洞室开挖的主要手段。在爆破开挖过程中，爆炸荷载在使得开挖区内岩体破碎的同时，一部分能量以应力波的形式在岩体中传播，对开挖区外岩体造成损伤，形成一定范围的开挖损伤区[9, 17~20]。爆炸荷载引起的损伤区大小和程度是地下洞室开挖中确定围岩支护的主要依据之一。从地下洞室爆破开挖时围岩的受力状态来看，一方面，爆炸荷载在岩体界面或自由面反射形成动态拉伸波，使爆破开挖区外围岩石承受动态拉伸荷载作用；另一方面，由于构造应力或者自重应力等的存在，洞室围岩也受到静态压应力作用。因此，简化成二维情况，爆破开挖时地下洞室围岩承受的是有侧压作用的动态拉伸荷载。由于一般情况下岩石的抗拉强度远小于抗压强度，同时岩石的抗拉强度还会随着侧压的增加而减小。因此，爆破开挖引起的洞室围岩损伤区在一定程度上取决于岩石在有侧压情况下的动态拉伸力学特性。因此，研究有侧压情况下岩石动态拉伸力学特性对于准确分析爆破开挖引起的洞室围岩损伤特征具有非常重要的意义。

本章将介绍一种有侧压的岩石动态直接拉伸试验装置，采用花岗岩进行有侧压的动态直接拉伸试验，分析岩石的动态拉伸强度、变形特性与侧压、应变速率之间的关系，为后续的理论研究提供基础。

5.1　试　验　系　统

有侧压的动态直接拉伸力学特性试验是在中国科学院武汉岩土力学研究所自行研制的 RDT-10000 型岩石动态荷载试验机上进行。

图 5.1 为带侧压的直接拉伸加载装置示意图。加载装置采用粘贴在试样两端的拉头施加拉力(拉力由拉压转换器实现)，拉头与试样之间选用 RDT-10000 超强胶黏结。拉头小巧，整套夹具小而轻，满足动力试验要求。另外，为满足侧压试验要求，该装置一侧安装一台小千斤顶，通过侧向加压板对试样施加侧压，最大侧压可以达到 30kN。试验中，将长方体试样 1 用高强胶粘贴在试样上拉头 2-1 和下拉头 2-2 上，上拉头 2-1 和下拉头 2-2 上分别装上拉轴

3-1 和下拉轴 3-2，并按十字形布置，可以起到万向接头作用，使得试样受拉时受力均匀。上拉轴 3-1 和下拉轴 3-2 放入交叉相扣的拉压转换器 4 端头槽中，可在动态荷载试验机上进行动态直接拉伸加载。侧向用小型千斤顶 5 顶住试样 1 两侧的侧压块 6 施加静态侧压。千斤顶 5 和侧压块 6 通过承压板 7、承载螺杆 8 及螺帽 9 连接。安装时可通过调节器 10 调整安装位置，使侧向加载块对准花岗岩试样，调节架上还装有橡胶垫，可起到动力加载试验时的减振作用。试验时，在试样两侧向加压板与试样间涂上黄油，降低摩擦，消除了侧向加压装置作用在试样上的惯性力。

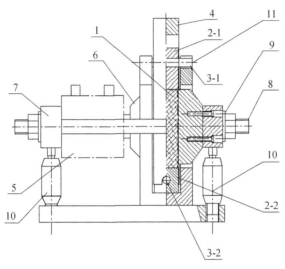

图 5.1　带侧压的直接拉伸加载装置示意图

1. 试样；2-1. 上拉头；2-2. 下拉头；3-1. 上拉轴；3-2. 下拉轴；3. 拉轴；4. 拉压转换器；5. 千斤顶；
6. 侧压块；7. 承压板；8. 承载螺杆；9. 螺帽；10. 调节器；11. 上拉支架

图 5.2 为带侧压的直接拉伸加载装置实物图。

图 5.2　带侧压的直接拉伸加载装置实物图

5.2　花岗岩有侧压的动态直接拉伸试验研究

试验所采用的花岗岩试样取自广东岭澳核电站二期核岛基坑，试样尺寸为80mm×20mm×20mm。试验在 RDT-10000 型岩石动态荷载试验机上进行，其动载部分及试验数据采集系统同前。

试验过程中，试样端面与侧面(轴向)的垂直度对直接拉伸试验的影响最大，当垂直度产生 0.5°的偏差时，两端面在水平方向的最大偏差将达到0.9mm，试验前对所有试样进行实际测量，垂直度偏差以 0.5°为上限，超过该值则应重新磨削试样端面。

已有的岩石拉伸试验表明，岩石端部的夹持问题是岩石拉伸试验能否成功的关键问题，在已有的岩石拉伸试验研究中多采用机械夹持的方法。而采用机械夹持会由于机械型式的夹具使试样端部受到侧面的约束而处于双向受力状态，夹持部位易发生断裂，会导致试验失败。如果增大机械夹持试样端部尺寸，可使断裂发生在试样中部的概率增加，但在试样中变截面处产生应力集中，同样使得试验误差很大。

因此，采用粘贴式试样的应力较均匀，采用 RDT-10000 超强胶即可达到试验目的。为使试样和拉头粘贴更为牢固，在试验前应将试样和拉头用丙酮等试剂清洗，用砂布手工打磨拉头以增加粗糙度。

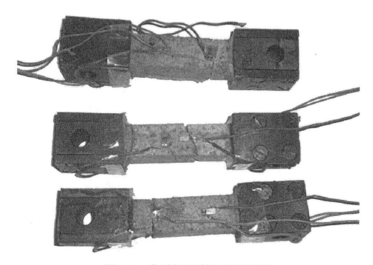

图 5.3　典型的花岗岩破坏试样

试验采用 $10^{-6}\mathrm{s}^{-1}$、$10^{-5}\mathrm{s}^{-1}$、$10^{-4}\mathrm{s}^{-1}$、$10^{-3}\mathrm{s}^{-1}$ 四种应变速率，侧压的大小及分级同样根据花岗岩单轴抗压强度的大小制定。考虑到千斤顶实际出力情况，侧压分为 20MPa、40MPa、60MPa 三种。

图 5.3 为典型的花岗岩破坏试样。图 5.4 为典型的花岗岩试样应力-应变曲线。表 5.1 为有侧压的花岗岩的拉伸试验结果。

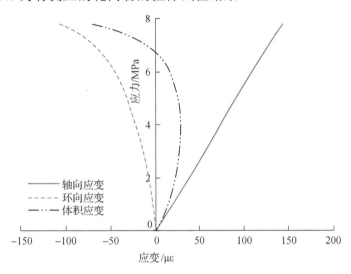

图 5.4　典型的花岗岩试样应力-应变曲线

图 5.5 为不同侧压下花岗岩的抗拉强度随应变速率的变化关系。可以看出，与无侧压情况类似，在不同侧压下，花岗岩的抗拉强度随应变速率的增加整体呈增加趋势，同时，增加幅度随着侧压的增大而减小，当侧压达到 60MPa 时，花岗岩的抗拉强度与应变速率的率相关性就不是特别明显。

不同应变速率下花岗岩的抗拉强度随侧压的变化关系如图 5.6 所示。可以看出，与混凝土材料进行的试验结果相似，在同一加载速率的情况下，试样抗拉强度随侧压的增加呈明显的减小趋势；试样抗拉强度随侧压增加的减小幅度随着应变速率的增加大致有增大趋势。

图 5.7 为不同侧压下花岗岩的弹性模量随应变速率的变化关系。可以看出，岩石的弹性模量随应变速率的增加无明显的规律性。

图 5.8 为不同应变速率下花岗岩的弹性模量随侧压的变化关系。可以看出，花岗岩的弹性模量大体上随侧压的增加呈减小趋势，至于减小的幅度无法得出结论。

表 5.1 有侧压的花岗岩的拉伸试验结果

试样编号	加载速率/s^{-1}	侧压/MPa	抗拉强度/MPa	弹性模量/GPa	泊松比
11			6.48	60.15	0.21
9		20	7.66	52.37	0.24
17			5.96	49.24	0.19
12	10^{-6}		3.93	53.11	0.21
2		40	5.33	47.76	0.17
14			6.58	70.54	0.22
7		60	4.11	46.21	0.21
1			6.21	53.27	0.30
12			6.32	73.61	0.17
5		20	5.71	62.77	0.24
8			7.14	43.30	0.19
21	10^{-5}		6.93	52.59	0.24
4		40	7.33	82.87	0.16
15			5.96	63.19	0.29
18		60	5.43	55.37	0.27
13			3.07	73.90	0.30
29			8.01	46.34	0.21
33		20	7.86	55.13	0.24
25			9.24	76.21	0.16
37	10^{-4}		7.56	57.65	0.18
24		40	4.23	48.57	0.17
35			5.46	66.54	0.22
27		60	4.07	59.12	0.21
39			6.86	47.77	0.21
24			11.88	59.19	0.18
31		20	9.87	81.78	0.21
40	10^{-3}		7.56	67.76	0.25
26		40	7.54	65.38	0.20
38			8.49	61.64	0.26
28		60	5.14	65.70	0.27

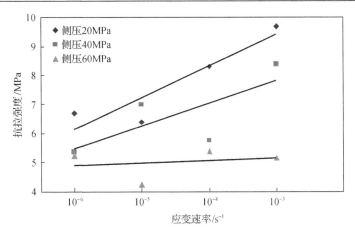

图 5.5　不同侧压下花岗岩的抗拉强度随应变速率的变化关系

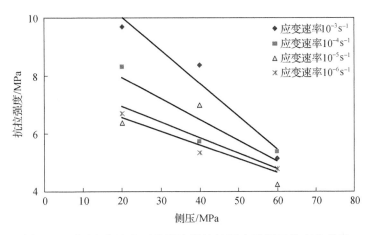

图 5.6　不同应变速率下花岗岩的抗拉强度随侧压的变化关系

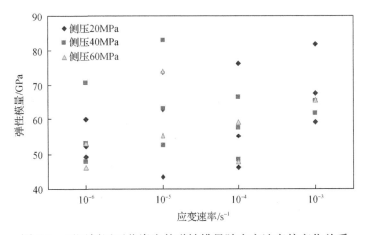

图 5.7　不同侧压下花岗岩的弹性模量随应变速率的变化关系

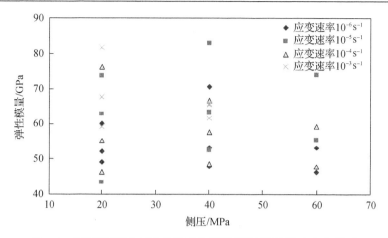

图 5.8　不同应变速率下花岗岩的弹性模量随侧压的变化关系

第6章 动态单轴压应力作用下的模型研究

岩石是一种典型的非均质体，普遍包含着不同尺度的缺陷。这些缺陷包括岩矿颗粒边界、岩石内部固有的孔洞岩及裂隙。当岩石受到外荷载作用时，微裂纹将在这些缺陷的周围产生并且扩展聚合，导致岩石的破坏。

伴随着岩石断裂力学和细观损伤力学的发展，岩石在外荷载作用下内部裂纹变化与岩石宏观力学行为之间的关系研究受到高度重视，进行了一系列的研究工作。但由于岩石的直接拉伸试验难度较大，已有的成果多在岩石压缩试验和模型研究方面。较早关于这一方面的研究源于 Wawersik 和 Brace[21]的工作，他们在对花岗岩和辉绿岩进行压缩试验的过程中，在不同的荷载水平下用光学显微镜观察了岩石试样内部的裂纹发展情况。结果表明，随着应变水平的增加，微裂纹的密度和方向均发生变化。20 世纪 70 年代中期以后，随着扫描电子显微镜等细观设备的应用，在这方面展开了较系统的研究。研究结果表明，在外荷载作用下产生的微裂隙都是从既有的裂纹和材料颗粒之间的边界发展起来的，这些裂纹在外荷载作用下具有明显的方向性[8, 22~25]。

基于试验研究及断裂力学的相关理论，一些裂纹模型被应用于研究岩石在压缩荷载作用下的强度及变形特性，如圆孔形裂纹模型[26]、弹性不协调模型[27]、位错群集模型[28, 29]、Hertain 点接触裂纹模型[30]、标准裂纹模型[31, 32]和滑移型裂纹模型[33, 34]。

这些模型的共同点在于，在压缩应力作用下，岩石内部产生拉伸裂纹（I型裂纹），拉伸裂纹的扩展导致岩石发生破坏，另外，这些模型虽然是基于弹性断裂力学的有关理论得来的，但是它们可以描述脆性材料由于裂纹扩展造成的非线性特性。

在这些模型中，滑移型裂纹模型广泛地应用于研究脆性材料在压缩荷载作用下的力学特性，如 Kachanov[35]、Zaitsev[36]、Fanella[37]、Ju 和 Lee[38, 39]、Gambarotta[40, 41]、Atkinson 和 Cook[42]的工作。结合不同的破坏准则，该模型也常用于研究岩石的率相关特性[32, 43~46]。

6.1　裂纹模型简介

6.1.1　圆孔形裂纹模型

如图 6.1 所示，考查一个二维圆形孔洞承受远场压应力 σ_1 和 σ_2 作用，其中，σ_1 为最大主应力，σ_2 为最小主应力。当 $\sigma_1 > 3\sigma_2$ 时，在孔边产生沿着最大主应力方向的拉裂纹。随着 $\sigma_1 - 3\sigma_2$ 的增加，裂纹发生扩展。当拉伸裂纹的长度 l 远小于圆孔的半径时（$l \ll R$），裂纹尖端应力强度因子的近似表达式为[47]

$$K_{\mathrm{I}} = 1.12(\sigma_1 - 3\sigma_2)\sqrt{\pi l} \tag{6.1}$$

可见，K_{I} 随着裂纹长度的增加而增加，式(6.1)表明裂纹的不稳定扩展。

当 $l \gg R$ 时，裂纹尖端的应力强度因子为

$$K_{\mathrm{I}} = \frac{CR(\sigma_1 - 3\sigma_2)}{\pi l} - \sigma_2\sqrt{\pi l} \tag{6.2}$$

式中，C 为常数。

式(6.2)表明裂纹随 σ_1 的增加而稳定扩展。

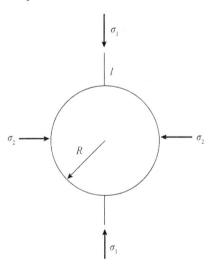

图 6.1　圆孔形裂纹模型

Sammis 和 Ashby[48]提出了一种应力强度因子的表达式以适用于任意长度的拉伸裂纹，即

$$K_I = \left[\frac{1.1(\sigma_1 - 2.1\sigma_2)}{(1 + l/R)^{3.3}} - \sigma_2 \right] \sqrt{\pi l} \tag{6.3}$$

6.1.2 弹性不协调模型

弹性不协调模型如图 6.2 所示，由两种材料组成的单元受应力 σ_1 和 σ_2 作用，在二维状态下，每一种材料的应力-应变关系都可以表达为

$$\begin{bmatrix} \varepsilon_1 \\ \varepsilon_2 \end{bmatrix} = \begin{bmatrix} S_{11} & S_{12} \\ S_{21} & S_{22} \end{bmatrix} \begin{bmatrix} \sigma_1 \\ \sigma_2 \end{bmatrix} \tag{6.4}$$

式中，ε_1 和 ε_2 为应变分量；$S_{ij}\,(i, j = 1, 2)$ 为常数。

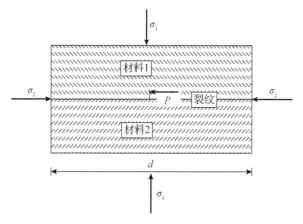

图 6.2　弹性不协调模型

当 $\sigma_1 > \sigma_2$ 时，两种材料沿 σ_1 和 σ_2 发生变形，由于材料性能的不同，在两种材料边界处将产生不协调变形，从而产生拉应力 P。在拉应力 P 作用下，材料边界上裂纹的应力强度因子近似为[47]

$$K_I = 2.6 \frac{P}{\sqrt{\pi l}} \tag{6.5}$$

拉应力 P 的计算式为[47]

$$P = \frac{0.45\sigma_1 d}{\pi} \frac{\sigma_1(S_{12}^2 - S_{12}^1) - \sigma_2(S_{22}^2 - S_{22}^1)}{\sigma_1 S_{12}^2} \tag{6.6}$$

式中，参数 S 的上标 1、2 表示材料 1、2。

在单轴情况下，式(6.5)变成

$$K_{\mathrm{I}} = \frac{1.04\sigma_1 d}{\pi\sqrt{\pi l}} \tag{6.7}$$

式中，如果取 d 为材料的颗粒直径，令 $d/2 = R = c$，则结果与圆孔形裂纹模型及后述的滑移型裂纹模型相近。

6.1.3　Herztain 点接触裂纹模型

该模型考虑两个半径为 R 的球体受压力 P 作用的情况，如图 6.3 所示[48]。根据 Herztain 接触理论，两半球接触弧面的半径 a 为[30]

$$a = \left[\frac{3(1-v^2)PR}{4E}\right]^{1/3} \tag{6.8}$$

式中，v、E 分别为材料的泊松比和弹性模量。

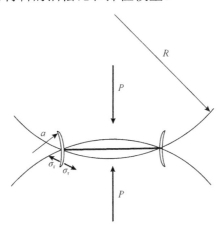

图 6.3　Herztain 点接触裂纹模型[48]

在接触区面域的边缘，产生拉应力 σ_{r}，其最大值为

$$\sigma_{\mathrm{r}} = \frac{P(1-2v)}{2\pi a^2} \tag{6.9}$$

对于该区域的微裂纹，由此拉应力产生的应力强度因子为[26]

$$K_{\mathrm{I}} = 1.12\sigma_{\mathrm{r}}\sqrt{\pi l} = \frac{1.12(1-2v)P}{2\pi\left[\dfrac{3PR(1-v^2)}{4E}\right]^{2/3}}\sqrt{\pi l} \tag{6.10}$$

Herztain 点接触裂纹模型认为，裂纹的扩展是不稳定的，同时式(6.10)仅适用于$1 \ll a$的情况。

6.1.4　标准裂纹模型

上述几种模型以及后面的滑移型裂纹模型在描述岩石类脆性材料破坏机理时具有以下相同点：

(1)裂纹的扩展基本上沿着最大主应力方向（σ_1方向）。

(2)Ⅰ型应力强度因子与孔洞半径、颗粒半径及初始裂纹长度成正比。

(3)当裂纹长度很小时，裂纹不稳定扩展。

(4)当裂纹长度很大时，裂纹稳定扩展。

(5)Ⅰ型应力强度因子对侧向压力（σ_2）敏感。

(6)Ⅰ型应力因子与$\sigma_1 - \lambda\sigma_2$成正比，$\lambda$为常量。

基于上述共同点，Kemeny 和 Cook[32]提出了标准裂纹模型，如图 6.4 所示。裂纹总长度为 $2l$，与 σ_1 方向平行。同时，裂纹在 $2a$ 长度范围内承受拉应力 σ_0 作用。

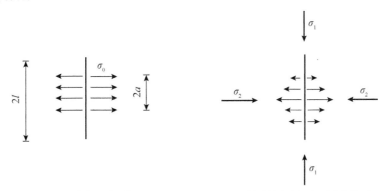

(a) 承受均布拉力的情况　　　　　(b) 承受轴向和侧向压力的情况

图 6.4　标准裂纹模型[32]

当 σ_0 与 $\sigma_1 - \lambda\sigma_2$ 呈线性关系时，如 $\sigma_0 = \lambda_1(\sigma_1 - \lambda_2\sigma_2)$，裂纹尖端的应力为

$$\sigma(x) = \begin{cases} \lambda_1(\sigma_1 - \lambda_2\sigma_2), & |x| \leqslant a \\ 0, & a < |x| < l \end{cases} \tag{6.11}$$

式中，λ_1、λ_2 为常数。

此时，裂纹尖端的应力强度因子表达式为

$$K_I = \frac{\lambda_1(\sigma_1 - \lambda_2\sigma_2)}{\sqrt{\pi l}} \int_{-a}^{a} \sqrt{\frac{l+x}{l-x}} \mathrm{d}x - \sigma_2\sqrt{\pi l}$$

$$= \frac{2\lambda_1(\sigma_1 - \lambda_2\sigma_2)\sqrt{l}}{\sqrt{\pi}} \arcsin\frac{a}{l} - \sigma_2\sqrt{\pi l} \tag{6.12}$$

Kemeny 和 Cook[32]的计算表明，应力强度因子先随着裂纹长度的增加而增加，当 $l > a$ 时，应力强度因子随着裂纹长度的增加而减小。因此，裂纹的扩展在 $l < a$ 时是不稳定的，而当 $l > a$ 时，裂纹呈现稳定的扩展模式。当应力模式为图 6.4 所示的情况时，裂纹尖端的应力强度因子为

$$K_I = \frac{2\lambda_1(\sigma_1 - \lambda_2\sigma_2)\sqrt{l}}{\sqrt{\pi}} \left[\left(2 - \frac{1}{a}\right)\arcsin\frac{a}{l} + \sqrt{1 - \frac{a^2}{l^2}} \right] - \sigma_2\sqrt{\pi l} \tag{6.13}$$

当 $\lambda_2 = 3$ 时，式(6.13)的应力强度因子与裂纹长度和侧向压力 σ_2 的关系与 Sammis 和 Ashby[48]所提出的孔洞型裂纹模型的结果非常相近。

6.2　滑移型裂纹模型

滑移型裂纹模型，最早由 Brace 和 Martin[49]提出，用于研究岩石材料的剪胀现象。裂纹体由与最大主应力成 γ 角的初始裂纹和曲线型拉伸裂纹两部分组成。其中，拉伸裂纹是初始裂纹面在远场压应力作用下相对滑移引起的。

Nemat-Nasser 和 Horii[50]给出了图 6.5 所示裂纹构形的应力场及应力强度因子的精确解。但是这种精确解极为复杂而且不闭合，于是又提出了一种近似的模型来简化图 6.5 所示的裂纹模式，如图 6.6 所示[33, 34]。图 6.6(a) 中，曲线型拉伸裂纹简化成直线型裂纹。图 6.6(a)进一步简化成图 6.6(b)所示的模式。图 6.6(b)中，总长为 $2l$ 的裂纹受远场压应力 σ_1 及 σ_2 作用，同时在裂纹 QQ' 的中心受一对拉伸应力 F 作用。力 F 与初始裂纹面之间的夹角为 θ，与最大主应力 σ_1 的夹角等于 γ，它代表初始裂纹面上的剪应力对拉伸裂纹的作用，在不考虑裂纹面上的黏结力时由式(6.14)确定：

$$\begin{cases} F = 2c\tau^* \\ \tau^* = \frac{1}{2}(\sigma_1 - \sigma_2)\sin(2\gamma) - \frac{1}{2}\mu[\sigma_1 + \sigma_2 - (\sigma_1 - \sigma_2)\cos(2\gamma)] \end{cases} \tag{6.14}$$

式中，τ^* 为作用在初始裂纹面上的剪应力；μ 为裂纹面之间的摩擦系数。

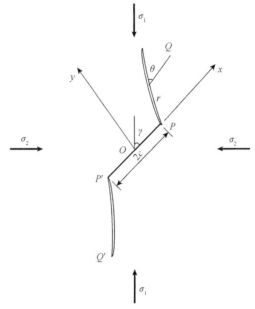

图 6.5　滑移型裂纹模型[50]

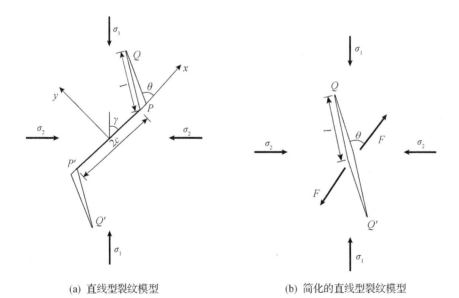

(a) 直线型裂纹模型　　　　　　　　　　　　(b) 简化的直线型裂纹模型

图 6.6　简化的滑移型裂纹模型[33, 34]

由力 F 作用引起的裂纹尖端应力强度因子为

$$\begin{cases} K_{\mathrm{I}} = \dfrac{F\sin\theta}{\sqrt{\pi l}} \\[3mm] K_{\mathrm{II}} = \dfrac{-F\cos\theta}{\sqrt{\pi l}} \end{cases} \tag{6.15}$$

可以看出,当 $l \gg c$ 时,图 6.6(b) 和式 (6.15) 的简化较好地反映了图 6.6(a) 所示裂纹模型的应力状态。但当 $l < c$ 时,这种简化与初始状态有较大的出入。为此,Horii 和 Nemat-Nasser[34]研究了图 6.6(a) 所示裂纹开始扩展时的应力状态, 并得出此时的应力强度因子表达式为

$$K_{\mathrm{I}} = \frac{3}{4}\sqrt{\pi c}\tau^{*}\left[\sin\left(\frac{1}{2}\theta\right) + \sin\left(\frac{3}{2}\theta\right)\right] \tag{6.16}$$

式中, θ 由应力强度因子对 θ 进行求导得到, $\theta = \theta_{\mathrm{c}} = 0.392\pi$ 。

为了使式 (6.15) 与式 (6.16) 吻合, Horii 和 Nemat-Nasser[34]引入有效裂纹长度 $2(l+l^{*})$ 代替式 (6.15) 中的 $2l$,得到 $l^{*}/c \approx 0.27$ 。这样, 当综合考虑远场压应力作用时, 裂纹尖端的应力强度因子为

$$\begin{cases} K_{\mathrm{I}} = \dfrac{2c\tau^{*}\sin\theta}{\sqrt{\pi(l+l^{*})}} - \dfrac{1}{2}\sqrt{\pi l}\{\sigma_{1} + \sigma_{2} - (\sigma_{1}-\sigma_{2})\cos[2(\theta-\gamma)]\} \\[3mm] K_{\mathrm{II}} = -\dfrac{2c\tau^{*}\cos\theta}{\sqrt{\pi(l+l^{*})}} - \dfrac{1}{2}\sqrt{\pi l}(\sigma_{1}-\sigma_{2})\cos[2(\theta-\gamma)] \end{cases} \tag{6.17}$$

图 6.7 为由式 (6.17) 所得到的结果与图 6.5 所示的精确解的比较[34]。图中, 虚线为根据式 (6.17) 得到的结果, 实线是精确解。可以看出, 上述的近似结果与精确解一致性很好。

Ashby 和 Hallam[51]在滑移型裂纹模型方面的研究指出, 在远场压应力作用下, 初始裂纹最初沿与最大压应力 σ_{1} 成 70.5° 的方向扩展, 并很快沿平行于最大主应力的方向发展, 如图 6.8 所示。他们的研究还表明, 与最大压应力 σ_{1} 的夹角为 $\phi = \dfrac{1}{2}\arctan\dfrac{1}{\mu}$ 的裂纹最容易扩展。

根据上述的理论及试验研究, Ashby 和 Hallam 提出如图 6.9 所示的滑移型裂纹模型[51]。图 6.9 中, 初始裂纹长度为 $2c$,拉伸裂纹沿与最大压应力 σ_{1} 平行的方向发展。

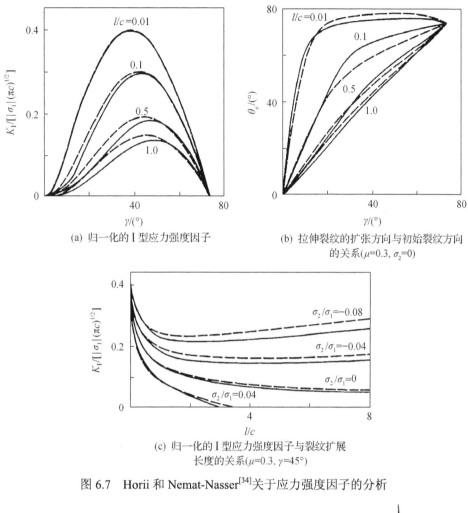

(a) 归一化的 I 型应力强度因子

(b) 拉伸裂纹的扩张方向与初始裂纹方向
的关系($\mu=0.3$, $\sigma_2=0$)

(c) 归一化的 I 型应力强度因子与裂纹扩展
长度的关系($\mu=0.3$, $\gamma=45°$)

图 6.7　Horii 和 Nemat-Nasser[34]关于应力强度因子的分析

(a) 0　　(b) 39MPa　　(c) 49MPa　　(d) 55MPa　　(e) 62MPa　　(f) 67MPa

图 6.8　不同轴向应力作用下裂纹的扩展[51]

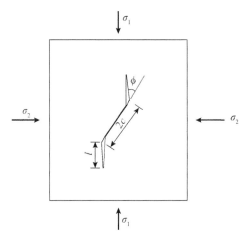

图 6.9　Ashby 和 Hallam[51]提出的滑移型裂纹模型

在这种情况下，裂纹尖端的应力强度因子为

$$K_{\mathrm{I}} = \frac{-\sigma_1\sqrt{\pi a}}{(1+L)^{3/2}}[1-\lambda-\mu(1+\lambda)-4.3\lambda L]\left[0.23L+\frac{1}{\sqrt{3}(1+L)^{1/2}}\right] \qquad (6.18)$$

式中，$L=l/a$；$\tan(2\phi)=1/\mu$。当 $L=0$ 及 $L\gg1$ 时，Ashby 和 Hallam[51]的计算结果与 Horii 和 Nemat-Nasser[33, 34]的计算结果非常相近。

6.3　改进的滑移型裂纹模型

除了上述 Horii 和 Nemat-Nasser[33, 34]、Ashby 和 Hallam[51]的研究结果之外，Gambarotta 和 Lagomarsino[40]以及 Steif[52]也提出了滑移型裂纹不同形式的近似解，得到的结果也比较接近。这里以 Gambarotta[41]、Ashby 和 Hallam[51]的研究成果为基础，改进 Horii 和 Nemat-Nasser[33, 34]提出的滑移型裂纹模型，如图 6.10(a)所示。拉伸裂纹沿着最大主应力 σ_1 的方向扩展，Kemeny 和 Cook[31, 32]、Ravichandran 和 Subhash[46]、Nemat-Nasser 和 Deng[53]也应用类似的模型研究了脆性材料在压应力作用下的力学特性。

与 Horii 和 Nemat-Nasser[33, 34]的结果相似，图 6.10(a)所示的裂纹模型可以简化成图 6.10(b)所示的裂纹模型。图 6.10(b)中，长为 $2l$ 的拉伸裂纹在中心受到一对拉伸应力 F 作用，同时承受远场压应力 σ_1 和 σ_2 作用。

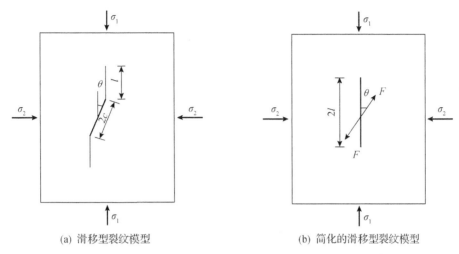

(a) 滑移型裂纹模型　　　　　　　　　(b) 简化的滑移型裂纹模型

图 6.10　改进的 Horii 和 Nemat-Nasser 滑移型裂纹模型

在式(6.14)和式(6.17)中，令 $\theta = \gamma$，可以得到图 6.10(b)所示的裂纹模型的应力强度因子表达式为

$$
\begin{cases}
K_{\mathrm{I}} = \dfrac{F\sin\theta}{\sqrt{\pi(l+l^{*})}} - \sqrt{\pi l}\,\sigma_2 \\[3mm]
K_{\mathrm{II}} = \dfrac{F\cos\theta}{\sqrt{\pi(l+l^{*})}} - \dfrac{1}{2}\sqrt{\pi l}(\sigma_1 - \sigma_2) \\[3mm]
F = 2c\tau^{*} \\[2mm]
\tau^{*} = \dfrac{1}{2}(\sigma_1 - \sigma_2)\sin(2\theta) - \dfrac{1}{2}\mu[\sigma_1 + \sigma_2 - (\sigma_1 - \sigma_2)\cos(2\theta)]
\end{cases}
\tag{6.19}
$$

对于图 6.5 所示的滑移型裂纹模型，Nemat-Nasser 和 Horii[50]给出的精确解表明，当裂纹尖端的Ⅰ型应力强度因子达到最大值时，Ⅱ型应力强度因子基本为 0，裂纹的扩展主要由Ⅰ型强度因子控制。Ashby 和 Hallam[51]的试验结果即滑移型裂纹沿平行于最大主应力方向扩展(见图 6.8)，也表明裂纹的扩展仅由Ⅰ型应力强度因子控制。因此，本书在分析滑移型裂纹在承受远场压应力作用的力学特性时，不考虑Ⅱ型应力强度因子的作用。

图 6.11 为不同应力比($\sigma_2/\sigma_1 = 0$、0.02、0.04、0.06、0.08、0.10)下的归

一化的裂纹尖端应力强度因子 $\left(\dfrac{K_I}{\sigma_1\sqrt{\pi c}}\right)$ 与裂纹长度 $\left(\dfrac{l}{c}\right)$ 的关系。

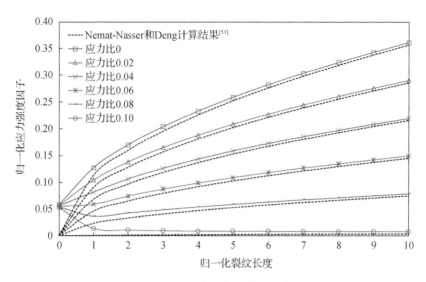

图 6.11 应力比 (σ_2/σ_1) 对裂纹尖端应力强度因子的影响 $(\theta=45°,\ \mu=0.3)$

图 6.11 表明,在不同的应力比下,裂纹尖端的应力强度因子随裂纹长度的增加而增加,呈现稳定的扩展趋势。同时,σ_2 对裂纹的扩展起阻滞作用,裂纹尖端的应力强度因子随着 σ_2 的增加而减小。图 6.11 中,虚线为 Nemat-Nasser 和 Deng[53]提出的滑移型裂纹模型在相同的应力比下的计算结果。

图 6.12 和图 6.13 为不同裂纹面摩擦系数及初始裂纹面与 σ_1 的夹角时归一化的裂纹尖端应力强度因子与裂纹长度的计算结果。可以看出,应力强度因子随裂纹面摩擦系数的增加而减小。另外,当初始裂纹面与 σ_1 的夹角约为 40° 时,裂纹尖端的应力强度因子最大,表明此时裂纹最容易扩展,这一结果与 Ashby 和 Hallam[51]的试验结果一致。在他们的试验中,初始裂纹与 σ_1 的夹角分别取为 15°、30°、36°、45°、60° 和 75°,试验结果表明当初始裂纹与 σ_1 的夹角约为 45° 时,裂纹最容易扩展。在图 6.12 和图 6.13 中,实线为本书计算结果,虚线为 Deng 和 Nemat-Nasser[44, 45]提出的模型的计算结果,两者比较接近。

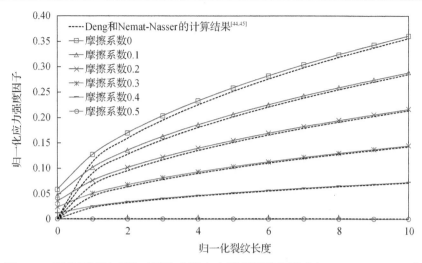

图 6.12　裂纹面摩擦系数对裂纹尖端应力强度因子的影响（$\sigma_2/\sigma_1 = 0$，$\theta = 45°$）

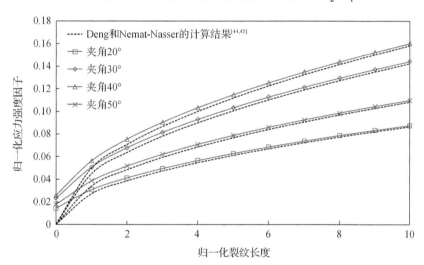

图 6.13　初始裂纹面与 σ_1 的夹角对裂纹尖端应力强度因子的影响（$\sigma_2/\sigma_1 = 0$，$\mu = 0.3$）

6.4　裂纹的相互作用

上述工作主要针对单一裂纹的力学特性，从根本上讲，岩石类脆性材料的破坏一般不会由单一裂纹扩展形成，而是由多裂纹相互作用，特别是在动荷载作用下。裂纹体的相互作用在岩石类脆性材料的破坏过程中起着重要的作用。图 6.14 为 Horii 和 Nemat-Nasser[34]对 Columbia 树脂（室温下为脆性材料）进行的单轴压缩试验。试验结果表明：①在单轴压应力作用下，一些裂纹先发生扩展，随后与其他裂纹聚合，使试样破坏；②在单轴压应力作用下，试样呈现劈裂破坏模式。

(a) 初始裂纹分布　　　　　　(b) 初始裂纹扩展后的形态

图 6.14　含初始裂纹的试样在轴向压应力作用下的劈裂破坏[34]

大量的岩石试验表明，在单轴压应力作用下，岩石呈现劈裂破坏模式，破裂面与轴向应力 σ_1 成小角度相交，而如图 2.8 所示的锥形破坏模式是由于劈裂破坏面受端部效应影响而形成的。岩石在单轴情况下的这种破坏模式被 Hallbauer 等[54]、Tapponnier 和 Brace[55]等的细观研究证实。因此，这里用图 6.15 所示的模型来考虑裂纹的相互作用及单轴压应力作用下的劈裂破坏模式。相邻裂纹之间的间距为 $2w$，拉应力 F 由式(6.19)确定。

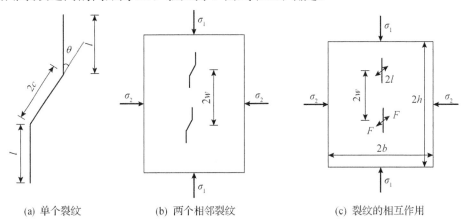

(a) 单个裂纹　　　　　(b) 两个相邻裂纹　　　　　(c) 裂纹的相互作用

图 6.15　考虑裂纹相互作用的滑移型裂纹模型

图 6.15(b) 可以简化成图 6.15(c) 所示的模式。为了获得图 6.15(c) 所示的一组裂纹的应力强度因子表达式，将图 6.15(c) 所示的裂纹构形分成图 6.16(a)、(b) 所示的两部分。图 6.16(a) 中，一组拉伸裂纹在中心受到一对集中力 F 作用；图 6.16(b) 中，一组裂纹受远场压应力作用。在不考虑主应力 σ_1 对拉伸裂纹的作用时，图 6.16 进一步简化成图 6.17(a)、(b) 所示的标准模式[56]。图中 $P = F\sin\theta$，$Q = F\cos\theta$。

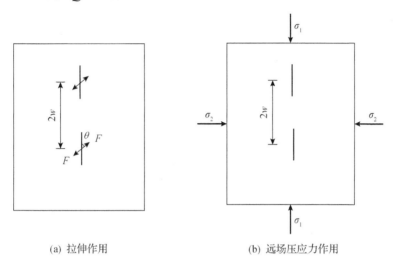

(a) 拉伸作用　　　　　　　　　(b) 远场压应力作用

图 6.16　图 6.15(c) 的分解构形

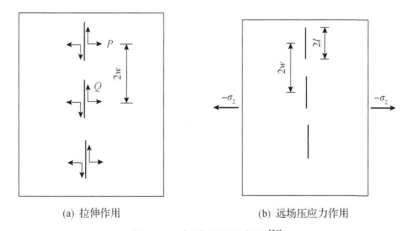

(a) 拉伸作用　　　　　　　　　(b) 远场压应力作用

图 6.17　标准型裂纹构形[56]

图 6.17(a)、(b) 所示的一组裂纹的 Ⅰ 型应力强度因子分别为[56]

$$\begin{cases} K_{\mathrm{I}} = \dfrac{F\sin\theta}{\sqrt{w\sin\dfrac{\pi(l+l^*)}{w}}}, & \text{图6.17(a)} \\[4ex] K_{\mathrm{I}} = -\sigma_2\sqrt{2w\tan\dfrac{\pi l}{2w}}, & \text{图6.17(b)} \end{cases} \tag{6.20}$$

因此，对于图 6.16(b) 所示的裂纹组，其应力强度因子为

$$K_{\mathrm{I}} = \dfrac{F\sin\theta}{\sqrt{w\sin\dfrac{\pi(l+l^*)}{w}}} - \sigma_2\sqrt{2w\tan\dfrac{\pi l}{2w}} \tag{6.21}$$

6.5　裂纹扩展准则

在静荷载作用下，最常用的裂纹扩展准则为

$$K_{\mathrm{I}} = K_{\mathrm{Ic}} \tag{6.22}$$

式中，K_{I} 为裂纹尖端的静态应力强度因子；K_{Ic} 为材料的静态断裂韧度值。

式(6.22)表明，当裂纹尖端的应力强度因子达到材料的断裂韧度时，裂纹开始扩展。

亚临界裂纹扩展准则(subcritical crack growth criterion)也被应用于研究脆性岩石的力学特性。该准则认为，在应力强度因子小于材料的断裂韧度时裂纹可以扩展。这种现象最早是在研究工程材料(如陶瓷)在高温、高湿度及有化学溶液的环境中裂纹的扩展规律时发现的[57]。Atkinson 等[58, 59]于 20 世纪 80 年代对岩石中的亚临界裂纹扩展现象进行了较系统的研究。一般情况下，亚临界裂纹扩展准则可以写成如下形式：

$$v = AK_{\mathrm{I}}^n \tag{6.23}$$

式中，v 为裂纹扩展速率；K_{I} 为裂纹尖端的应力强度因子；A 和 n 为材料常数。

亚临界裂纹扩展准则主要应用在研究岩石类脆性材料在准静态及蠕变情况下的力学特性方面[31, 32, 60, 61]。

在动荷载情况下，裂纹的扩展准则与上述两种准则有较大的不同。最常用的裂纹扩展准则为

$$K_{\mathrm{Id}} = K_{\mathrm{Ic}}^{\mathrm{d}} \tag{6.24}$$

式中，$K_{\mathrm{Ic}}^{\mathrm{d}}$ 为材料的动态断裂韧度；K_{Id} 为裂纹尖端的动态应力强度因子，通常情况下可以写成如下形式：

$$K_{\mathrm{Id}} = k(v)K_{\mathrm{I}} \tag{6.25}$$

式中，v 为裂纹扩展速率；$k(v)$ 称为速度因子，当 $v=0$ 时，$k(v)=1$，当 v 趋近于裂纹扩展的极限速率时(通常取为材料的瑞利波波速)，$k(v)=1^{[53]}$。

迄今为止，尚没有能够精确地确定 $k(v)$ 表达式的方法，实际分析中，常采用一些近似表达式，如 Rose[62] 提出了一种 $k(v)$ 的近似表达式：

$$k(v) = \left(1 - \frac{v}{v_{\mathrm{r}}}\right)\sqrt{1 - \xi v} \tag{6.26}$$

式中，ξ 为材料弹性波波速的函数，可以近似表述为

$$\xi = \frac{2}{c_1}\left(\frac{c_2}{v_{\mathrm{r}}}\right)^2\left(1 - \frac{c_2}{c_1}\right)^2 \tag{6.27}$$

式中，c_1、c_2、v_{r} 分别为材料的纵波、剪切波及瑞利波波速。

在 Rose 的工作之后，其他研究人员也提出了不同的 $k(v)$ 近似表达式，其中应用得比较广泛的是 Freund[63] 提出的表达式。

当拉伸裂纹中心承受集中力作用时，有

$$k(v) = \frac{v_{\mathrm{r}} - v}{v_{\mathrm{r}} - 0.75v} \tag{6.28}$$

当拉伸裂纹承受远场压应力作用时，有

$$k(v) = \frac{v_{\mathrm{r}} - v}{v_{\mathrm{r}} - 0.5v} \tag{6.29}$$

因此，在单轴动态压应力作用下，裂纹扩展准则为

$$K_{\text{Id}} = \frac{v_r - v}{v_r - 0.75v} \frac{F \sin \theta}{\sqrt{w \sin \dfrac{\pi(l + l^*)}{w}}} - \frac{v_r - v}{v_r - 0.5v} \sigma_2 \sqrt{2w \tan \frac{\pi l}{2w}} = K_{\text{Ic}}^d \quad (6.30)$$

由式(6.28)~式(6.30)可知,岩石在承受动态单轴荷载作用($\sigma_2 = 0$)的情况下,当裂纹发生扩展时,裂纹的扩展速率将大于零,而函数$k(v)$的值将小于 1,从而导致裂纹尖端的动态应力强度因子值小于其静态值,这也就导致了材料的动态抗压强度大于其静态抗压强度。另外,岩石的动态断裂韧度大于其静态值也会导致岩石的动态抗压强度大于其静态抗压强度。

由于$v = \text{d}l / \text{d}t$,式(6.30)为关于裂纹长度 l 的微分方程,对该式进行逐步积分可以得出不同裂纹长度对应的应力值[46, 53]。为了简化式(6.30)的积分形式,这里采用文献[46]和[64]提出的裂纹扩展平均速率的观点,即假定在一定的加载(应变)速率下,裂纹的扩展速率为常量。图 6.18 为理想化的动荷载时程曲线,动荷载呈对称形式,加载时间和卸载时间均为t。在动态压应力的作用下,当满足式(6.30)所示的裂纹扩展准则时,裂纹开始扩展,此时的时间称为t_i。之后,在压应力作用下,裂纹将持续扩展和聚合导致岩石的破坏。因此,在动态压应力作用下,裂纹的扩展时间为$2t - t_i$。由图 6.15可以看出,当$2l = 2w$时,裂纹发生聚合,此时压应力的加卸载完成,因此裂纹总的扩展长度为裂纹间距的一半(w),这样,在一定的应变速率下,裂纹的平均扩展速率为$w/(2t - t_i)$。

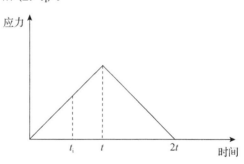

图 6.18　理想化的动荷载时程曲线

根据试验研究,在单轴情况下,当应变速率为$10^{-4} \sim 10^2 \text{s}^{-1}$时,花岗岩试样的最大应变约为$4000 \mu \varepsilon$,而对应的加载时间则为$4 \times 10^2 \sim 4 \times 10^4 \text{ms}$。如图 6.18 所示,在动态压应力作用下,裂纹扩展的初始时间 t_i 小于加载时间 t。

因此，当应变速率在 $10^{-4} \sim 10^2 \mathrm{s}^{-1}$ 时，如果假定裂纹间距 $(2w)$ 为 6mm，裂纹的最大平均扩展速率将小于 37.5m/s，这一速率远远小于裂纹扩展的极限速率，即花岗岩的瑞利波波速（约 2000m/s）。因此，式(6.26)中的速度因子 $k(v)$ 可认为等于 1，而裂纹的扩展速率对动态应力强度因子的影响可以忽略不计。这样，式(6.30)所示的裂纹扩展准则可以简化为

$$K_{\mathrm{Id}} = \frac{F\sin\theta}{\sqrt{w\sin\dfrac{\pi(l+l^*)}{w}}} - \sigma_2\sqrt{2w\tan\dfrac{\pi l}{2w}} = K_{\mathrm{Ic}}^{\mathrm{d}} \qquad (6.31)$$

根据上述结果，当应变速率在 $10^{-4} \sim 10^2 \mathrm{s}^{-1}$ 时，动态裂纹扩展准则与静荷载情况下的区别仅仅在于断裂韧度的不同，在动荷载情况下为动态断裂韧度，在静荷载情况下为静态断裂韧度。根据试验结果，花岗岩的动态断裂韧度有较明显的率相关特性。一般情况下，用不同加载速率下的断裂韧度来衡量岩石的这种特性。为便于确定不同应变速率的压应力作用下材料的断裂韧度值，采用不同加载时间下的断裂韧度来描述断裂韧度的率相关特性。

图 6.19(a)、(b)为动态断裂试验或动态压缩试验中，加载点荷载和裂纹尖端应力强度因子的时程曲线示意图。应力强度因子(由式(6.21)确定)先随加载点荷载的增加而增加，在 t 时刻，应力强度因子达到材料的断裂韧度值(此时荷载也达到最大值)，裂纹开始扩展。随后，裂纹尖端的应力强度因子值保持为岩石的断裂韧度值，裂纹继续稳定扩展，相对应的应力强度因子的加载时间为 t。

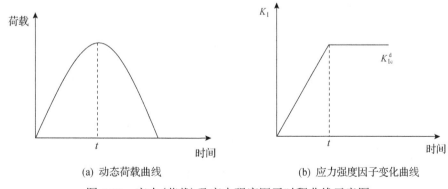

(a) 动态荷载曲线　　　　　　　　　(b) 应力强度因子变化曲线

图 6.19　应力(荷载)及应力强度因子时程曲线示意图

根据 Friedman 等[65]的试验研究，在动态单轴压缩荷载作用下，花岗岩的剪胀起始应力为破坏强度的 30%～70%，起始应力对应的时刻也为材料破坏

对应时刻的 30%～70%。由于花岗岩的剪胀是材料内部微裂纹扩展的结果，剪胀起始点即为材料内部微裂纹扩展的初始点。因此，分析中取裂纹的初始扩展时间 $t_i = 0.4t$。因此，对应于不同的应变速率，可以确定相应的应力强度因子的加载时间，将之代入式(1.4)可以得到不同应变速率下花岗岩的断裂韧度值，如表 6.1 所示。表 6.1 的结果表明，在动态单轴荷载情况下，当应变速率为 10^{-4}～$10^0 \mathrm{s}^{-1}$ 时，裂纹扩展初始时间 t_i 为加载时间的 30%～40%，与假设相近。表 6.2 列出了不同应变速率下花岗岩的裂纹初始扩展时间 t_i 的计算值，其中，$t_i = \sigma_i / (E\dot{\varepsilon})$，$\sigma_i$ 为裂纹扩展的初始应力，由式(6.30)确定，E 为花岗岩的弹性模量，$\dot{\varepsilon}$ 为应变速率。

表 6.1　不同应变速率下花岗岩的应力强度因子作用时间及动态断裂韧度

应变速率/s^{-1}	加载时间/ms	作用时间/ms	动态断裂韧度/(MPa·m$^{1/2}$)
10^{-4}	4.0×10^4	1.6×10^4	1.22
10^{-3}	4.0×10^3	1.6×10^3	1.34
10^{-2}	4.0×10^2	1.6×10^2	1.46
10^{-1}	4.0×10^1	1.6×10^1	1.58
10^0	4.0×10^0	1.6×10^0	1.70

表 6.2　不同应变速率下花岗岩的裂纹初始扩展时间计算值

应变速率/s^{-1}	裂纹扩展对应初始应力/MPa	裂纹初始扩展时间/ms	加载时间/ms
10^{-4}	79.9	1.229×10^4	4.0×10^4
10^{-3}	87.3	1.343×10^3	4.0×10^3
10^{-2}	95.4	1.467×10^2	4.0×10^2
10^{-1}	103.5	1.592×10^1	4.0×10^1
10^0	111.0	1.707×10^0	4.0×10^0

6.6　基于滑移型裂纹模型的花岗岩理论强度

在式(6.31)中，令 $\sigma_2 = 0$，可以得到不同应变速率下花岗岩的裂纹扩展长度与轴向应力的关系曲线，如图 6.20 所示，图中裂纹扩展长度为裂纹实际长度与初始裂纹长度的比值。可以看出，当应变速率为 10^{-4}～$10^0 \mathrm{s}^{-1}$ 时，不同应变速率下的花岗岩轴向应力与裂纹扩展长度曲线基本相同。在不同的应变速率下，当拉伸裂纹长度扩展到裂纹间距的一半时($l = w/2$)，轴向应力达到最大值。随着应变速率的增加，裂纹扩展的初始应力明显增加。图 6.21 为基于滑移型裂纹得到的花岗岩的单轴抗压强度随应变速率的变化曲线。可以看出，花岗岩的理论强度随应变速率的增加而明显增加，并且与试验结果吻合得比较好。

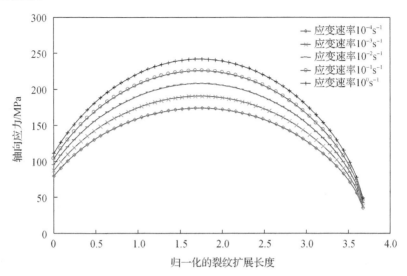

图 6.20　不同应变速率下花岗岩的轴向应力与裂纹扩展长度的关系

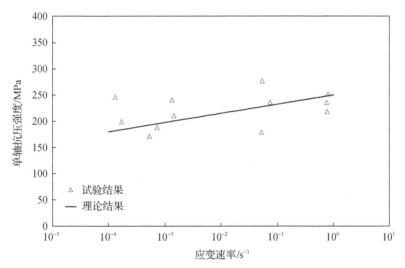

图 6.21　花岗岩的单轴抗压强度随应变速率的变化关系
（$c = 0.75\text{mm}$, $w/c = 4$, $\mu = 0.3$, $\theta = 45°$）

图 6.22 为不同应变速率下花岗岩的单轴抗压强度随初始裂纹长度的变化关系。结果表明，花岗岩的单轴抗压强度随初始裂纹长度的增加而减小，

而且在不同应变速率下具有相同的趋势。由于裂纹的初始长度与岩石的颗粒尺寸有关，图 6.22 实际上也表明了颗粒尺寸越小，岩石的抗压强度越大，与 Fredrich 和 Evens[66]的研究结果相同。

图 6.23 为不同裂纹初始长度下花岗岩的单轴抗压强度随应变速率的变化曲线。可以看出，对应于不同的初始裂纹长度，花岗岩的单轴抗压强度随应变速率的增加而增加，而且强度的增加幅度随初始裂纹长度的减小有小幅度增加的趋势。

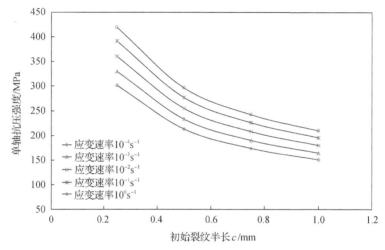

图 6.22　不同应变速率下花岗岩的单轴抗压强度随初始裂纹长度的变化关系
（$w/c = 4$, $\theta = 45°$, $\mu = 0.3$）

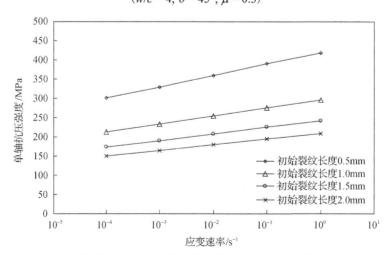

图 6.23　不同初始裂纹长度下花岗岩的单轴抗压强度随应变速率的变化关系
（$w/c = 4$, $\theta = 45°$, $\mu = 0.3$）

　　图 6.24 为不同应变速率下花岗岩的单轴抗压强度随裂纹间距的变化曲线，图中裂纹间距为实际裂纹间距与初始裂纹长度的比值。可以看出，花岗岩的抗压强度随着裂纹间距的增加明显增加。

　　图 6.25 为不同裂纹间距下花岗岩的单轴抗压强度随应变速率的变化曲线。可以看出，不同的裂纹间距情况下，花岗岩的抗压强度随应变速率的增加而增加，强度的增加幅度随裂纹间距的增加有小幅度增加的趋势。

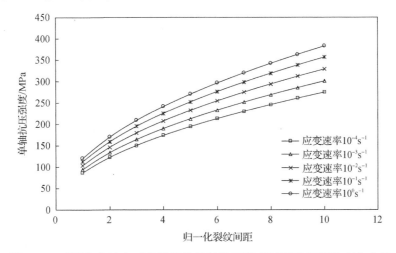

图 6.24　不同应变速率下花岗岩的单轴抗压强度随裂纹间距的变化曲线
($c = 0.75$mm, $\mu = 0.3$, $\theta = 45°$)

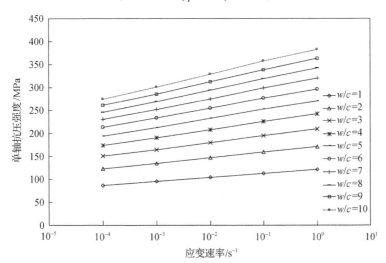

图 6.25　不同裂纹间距下花岗岩的单轴抗压强度随应变速率的变化曲线
($c = 0.75$mm, $\mu = 0.3$, $\theta = 45°$)

图 6.26～图 6.28 分别为花岗岩的单轴抗压强度随裂纹面摩擦系数、应变速率及初始裂纹与轴向压应力夹角的变化曲线。在不同的应变速率下，花岗岩的单轴抗压强度随裂纹面摩擦系数的增加而增加，在所研究的应变速率下，这种增加趋势基本相同。随着裂纹面摩擦系数的增加，花岗岩的单轴抗压强度随应变速率的增加幅度有小幅度的增加趋势。分析结果还表明，在不同的应变速率下，当初始裂纹与轴向压应力之间的夹角为 45°时，花岗岩的单轴抗压强度最小。这一结论表明，这种初始裂纹最容易扩展，与 Ashby 和 Hallam[51]的试验结果相同。

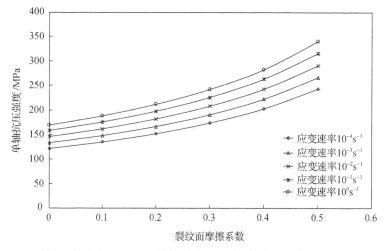

图 6.26　不同应变速率下花岗岩的单轴抗压强度随裂纹面摩擦系数的变化曲线
($c = 0.75$mm, $w = 3$mm, $\theta = 45°$)

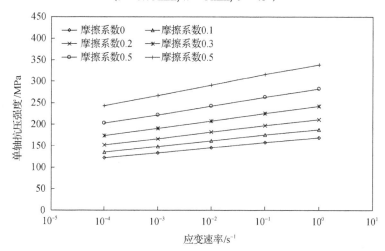

图 6.27　不同裂纹面摩擦系数下花岗岩的单轴抗压强度随应变速率的变化曲线
($c = 0.75$mm, $w = 3$mm, $\theta = 45°$)

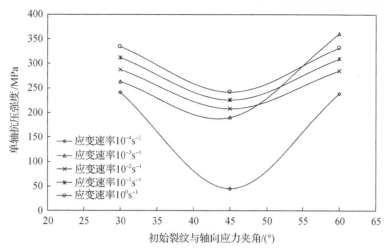

图 6.28　不同应变速率下花岗岩的单轴抗压强度随初始裂纹与轴向应力夹角的变化曲线

$(c = 0.75\text{mm}, w = 3\text{mm}, \mu = 0.3)$

6.7　基于滑移型裂纹的动态本构模型

6.7.1　滑移型裂纹模型简介

Nemat-Nasser 和 Obata[8]较早研究了脆性材料由于滑移型裂纹扩展引起的非线性应变。在他们的研究中，总的非线性应变由三个部分形成：①沿初始裂纹的滑动；②垂直于裂纹方向的剪胀；③拉伸裂纹的扩展。Deng 和 Nemat-Nasser[43]应用这种方法研究了脆性材料的动态损伤演变规律。

基于裂纹扩展的能量平衡理论，Kemeny[61]提出一种简单的方法计算含滑移型裂纹的岩石在压应力作用下的应变发展。他的研究指出，在外荷载作用下，轴向位移 δ_p 为

$$\delta_p = \delta_p^e + \frac{\partial U_e}{\partial P} \tag{6.32}$$

式中，δ_p^e 为不含裂纹的岩石单元在外荷载作用下的位移；U_e 为由拉伸裂纹扩展消耗的能量；$P = 2b\sigma_1$，$2b$ 为单元的宽度（见图 6.15）。岩石单元的轴向应变为轴向位移除以单元高度 $2h$。式（6.32）用 $Q = 2b\sigma_2$ 代替 P 可以得到岩石单元的侧向应变表达式。在 Kemeny 的分析中，忽略了由初始裂纹滑移消耗的能量及造成的非线性应变。

Basista 和 Gross[67]根据内变量理论研究了含滑移型裂纹的非线性应变。

他们将非线性应变的计算分成两个阶段。在第一阶段，没有拉伸裂纹产生，能量的耗散由初始裂纹的滑移形成。在第二阶段，拉伸裂纹形成，并沿着最大主应力的方向扩展。在这一阶段，能量的耗散主要由拉伸裂纹的扩展形成。他们的结果与 Nemat-Nasser 和 Obata[8]的结果相似。

另外，Ravichandran 和 Subhash[46]也根据能量平衡理论研究了含滑移型裂纹的非线性应变，在他们的研究中考虑了由初始裂纹滑移引起的能量耗散及造成的非线性应变。由于他们的方法比较简单，而且也考虑了初始裂纹滑移引起的非线性应变，这里将采用这种方法分析在动荷载作用下花岗岩的应力-应变关系。

6.7.2　基本公式

当岩石单元受如图 6.15 所示的轴向应力 σ_1 和侧向应力 σ_2 作用时，应力 $\boldsymbol{\sigma}$ 和应变 $\boldsymbol{\varepsilon}$ 可以表述为

$$\boldsymbol{\sigma} = \begin{bmatrix} \sigma_1 \\ \sigma_2 \end{bmatrix}, \quad \boldsymbol{\varepsilon} = \begin{bmatrix} \varepsilon_1 \\ \varepsilon_2 \end{bmatrix} \tag{6.33}$$

总的应变 $\boldsymbol{\varepsilon}$ 可以分成两部分，即

$$\boldsymbol{\varepsilon} = \boldsymbol{\varepsilon}^{\mathrm{e}} + \boldsymbol{\varepsilon}^{\mathrm{d}} \tag{6.34}$$

式中，$\boldsymbol{\varepsilon}^{\mathrm{d}}$ 为由初始裂纹滑移及拉伸裂纹扩展引起的非线性应变；$\boldsymbol{\varepsilon}^{\mathrm{e}}$ 为弹性应变，为不含裂纹的单元体在荷载作用下的应变，它与应力的关系可以表述为

$$\begin{cases} \boldsymbol{\varepsilon}^{\mathrm{e}} = D\boldsymbol{\sigma} \\ D = \dfrac{(k+1)(\nu+1)}{4E} \begin{bmatrix} 1 & \dfrac{k-3}{k+1} \\ \dfrac{k-3}{k+1} & 1 \end{bmatrix} \end{cases} \tag{6.35}$$

式中，E、ν 分别为材料的弹性模量和泊松比；k 为常数，在平面应变情况下，$k = 3 - 4\nu$，在平面应力情况下，$k = \dfrac{3-\nu}{1+\nu}$。

$\boldsymbol{\varepsilon}^{\mathrm{d}}$ 由式 (6.36) 所示的能量平衡方程确定。

$$2U_{\mathrm{e}} = W_1 - W_{\mathrm{f}} \tag{6.36}$$

式中，U_{e} 为由拉伸裂纹扩展消耗的能量；W_{f} 为由初始裂纹滑移消耗的能量；

W_1 为外荷载做的功。

在二维情况下，由拉伸裂纹扩展消耗的能量为

$$U_e = 2\int_0^l \frac{(k+1)(v+1)}{4E} K_{Id}^2 \mathrm{d}l \tag{6.37}$$

式中，K_{Id} 为拉伸裂纹在动荷载作用下裂纹尖端的应力强度因子，由式 (6.21) 确定。

假定由于裂纹扩展形成的非线性应变与 σ_1 和 σ_2 呈线性关系[46]，有

$$\begin{bmatrix} \varepsilon_1^d \\ \varepsilon_2^d \end{bmatrix} = \begin{bmatrix} S_{11} & S_{12} \\ S_{21} & S_{22} \end{bmatrix} \begin{bmatrix} \sigma_1 \\ \sigma_2 \end{bmatrix} \tag{6.38}$$

式中，$S_{\alpha\beta}$ 为常数，根据对称性，有 $S_{12} = S_{21}$。在这种情况下，外荷载所做的功为

$$W_1 = 4bh(\sigma_1\varepsilon_1^d + \sigma_2\varepsilon_2^d) = 4bh(S_{11}\sigma_1^2 + S_{22}\sigma_2^2 + 2S_{12}\sigma_1\sigma_2) \tag{6.39}$$

式中，$4bh$ 为含裂纹单元的面积 (见图 6.15)。

由初始裂纹滑移消耗的能量为

$$W_f = 2c\tau_f\delta \tag{6.40}$$

式中，δ 为外荷载作用下初始裂纹的滑移位移。

$$\tau_f = \frac{1}{2}\mu[(\sigma_1 + \sigma_2) - (\sigma_1 - \sigma_2)\cos(2\theta)]$$

Nemat-Nasser 和 Obata[8]提出由初始裂纹滑移产生的 I 型应力强度因子为

$$K_I^s = \frac{2E}{(k+1)(1+v)} \frac{\delta\sin\theta}{\sqrt{2\pi(l + l_{**})}} - \sigma_2\sqrt{\frac{\pi l}{2}} \tag{6.41}$$

式中，$l_{**} = 0.083c$，是为了保证式 (6.41) 在 l 很小时的适用性。

由初始裂纹滑移形成的 I 型应力强度因子应该等于由式 (6.21) 得的应力强度因子[46]，因此由外荷载作用形成的初始裂纹滑移位移为

$$\delta = \frac{(k+1)(1+v)}{2E\sin\theta}\left[\frac{2c\tau^*\sin\theta}{\sqrt{w\sin\frac{\pi(l + l^*)}{w}}} - \sigma_2\sqrt{2w\tan\frac{\pi l}{2w}} + \sigma_2\sqrt{\frac{\pi l}{2}}\right]\sqrt{2\pi(l + l_{**})} \tag{6.42}$$

因此，由初始裂纹滑移消耗的能量为

$$W_{\mathrm{f}} = 2c\tau_{\mathrm{f}} \frac{(k+1)(1+\nu)}{2E\sin\theta} \left[\frac{2c\tau^{*}\sin\theta}{\sqrt{w\sin\dfrac{\pi(l+l^{*})}{w}}} - \sigma_{2}\sqrt{2w\tan\frac{\pi l}{2w}} + \sigma_{2}\sqrt{\frac{\pi l}{2}} \right] \sqrt{2\pi(l+l_{**})}$$

$$(6.43)$$

由拉伸裂纹扩展消耗的能量为

$$\begin{aligned} U_{\mathrm{e}} &= 2\int_{0}^{l} \frac{(k+1)(1+\nu)}{4E} K_{\mathrm{I}}^{2}\mathrm{d}l \\ &= \frac{2(k+1)(1+\nu)}{4E}\int_{0}^{l}\left[\frac{2c\tau^{*}\sin\theta}{\sqrt{w\sin\dfrac{\pi(l+l^{*})}{w}}} - \sigma_{2}\sqrt{2w\tan\frac{\pi l}{2w}} \right]^{2}\mathrm{d}l \\ &= \frac{2(k+1)(1+\nu)}{4E}\int_{0}^{l}\left[\frac{4c^{2}\tau^{*2}\sin^{2}\theta}{w\sin\dfrac{\pi(l+l^{*})}{w}} + \sigma_{2}^{2}2w\tan\frac{\pi l}{2w} \right. \\ &\qquad\qquad \left. - \frac{4c\tau^{*}\sin\theta}{\sqrt{w\sin\dfrac{\pi(l+l^{*})}{w}}}\sigma_{2}\sqrt{2w\tan\frac{\pi l}{2w}} \right]\mathrm{d}l \end{aligned}$$

$$(6.44)$$

在式(6.44)的第三项中，为了积分方便，用 l 代替 $l+l^{*}$，有

$$\begin{aligned} U_{\mathrm{e}} &= \frac{2(k+1)(1+\nu)}{4E}\int_{0}^{l}\left[\frac{4c^{2}\tau^{*2}\sin^{2}\theta}{w\sin\dfrac{\pi(l+l^{*})}{w}} + \sigma_{2}^{2}2w\tan\frac{\pi l}{2w} - 4c\tau^{*}\sigma_{2}\sin\theta\sqrt{\frac{2}{1+\cos\dfrac{\pi l}{w}}} \right]\mathrm{d}l \\ &= \frac{2(k+1)(1+\nu)}{4E}\left\{ \frac{4c^{2}\tau^{*2}\sin^{2}\theta}{\pi}\ln\frac{\tan\dfrac{\pi(l+l^{*})}{2w}}{\tan\dfrac{\pi l^{*}}{2w}} - 4\sigma_{2}^{2}\frac{w^{2}}{\pi}\ln\cos\frac{\pi l}{2w} \right. \\ &\qquad\qquad \left. -8c\tau^{*}\sigma_{2}\sin\theta\frac{w}{\pi}\ln\tan\left[\frac{\pi}{4}\left(1+\frac{l}{w}\right)\right] \right\} \end{aligned}$$

$$(6.45)$$

式 (6.45) 可简化为

$$U_{e} = A_{1}\tau^{*2} - B_{1}\sigma_{2}^{2} - D_{1}\tau^{*}\sigma_{2} \tag{6.46}$$

式中，

$$A_{1} = \frac{2(k+1)(1+\nu)}{4E} \frac{4c^{2}\sin^{2}\theta}{\pi} \ln \frac{\tan\dfrac{\pi(l+l^{*})}{2w}}{\tan\dfrac{\pi l^{*}}{2w}}$$

$$B_{1} = \frac{2(k+1)(1+\nu)}{4E} \cdot 4\frac{w^{2}}{\pi} \ln\cos\frac{\pi l}{2w}$$

$$D_{1} = \frac{2(k+1)(1+\nu)}{4E} \cdot 8c\sin\theta\frac{w}{\pi} \ln\tan\left[\frac{\pi}{4}\left(1+\frac{l}{w}\right)\right]$$

由式 (6.36) 所示的能量平衡原理，有

$$2A_{1}\tau^{*2} - 2B_{1}\sigma_{2}^{2} - 2D_{1}\tau^{*}\sigma_{2} + M_{1}\tau^{*}\tau_{f} - M_{2}\sigma_{2}\tau_{f} = 4bh(S_{11}\sigma_{1}^{2} + 2S_{12}\sigma_{1}\sigma_{2} + S_{22}\sigma_{2}^{2}) \tag{6.47}$$

式中，

$$M_{1} = \frac{(k+1)(1+\nu)}{2E\sin\theta} \frac{4c^{2}\sin\theta\sqrt{2\pi(l+l_{**})}}{\sqrt{w\sin\dfrac{\pi(l+l^{*})}{w}}}$$

$$M_{2} = \frac{(k+1)(1+\nu)}{2E\sin\theta} \left(\sqrt{2w\tan\frac{\pi l}{2w}} - \sqrt{\frac{\pi l}{2}}\right) 2c\sqrt{2\pi(l+l_{**})}$$

进一步地，有

$$\tau^{*2} = \left\{\frac{1}{2}\left[(\sigma_{1}-\sigma_{2})\sin(2\theta)\right] - \mu\left[(\sigma_{1}+\sigma_{2})-(\sigma_{1}-\sigma_{2})\cos(2\theta)\right]\right\}^{2}$$
$$= B_{2}\sigma_{1}^{2} + B_{3}\sigma_{2}^{2} + B_{4}\sigma_{1}\sigma_{2} \tag{6.48}$$

式中，

$$B_{2} = \frac{1}{4}\left\{\sin(2\theta) - \mu\left[1-\cos(2\theta)\right]\right\}^{2}$$

$$B_3 = \frac{1}{4}\left\{\sin(2\theta) + \mu[1 + \cos(2\theta)]\right\}^2$$

$$B_4 = \frac{1}{2}\left[\sin^2(2\theta)(1 - \mu^2) + 2\mu\sin(2\theta)\cos(2\theta)\right]$$

$$\tau^* \sigma_2 = \frac{1}{2}\left\{\left[(\sigma_1 - \sigma_2)\sin(2\theta)\right] - \mu\left[(\sigma_1 + \sigma_2) - (\sigma_1 - \sigma_2)\cos(2\theta)\right]\right\}\sigma_2$$

$$= D_2\sigma_1\sigma_2 - D_3\sigma_2^2 \tag{6.49}$$

式中，

$$D_2 = \frac{1}{2}\left\{\sin(2\theta) - \mu[1 - \cos(2\theta)]\right\}$$

$$D_3 = \frac{1}{2}\left\{\sin(2\theta) + \mu[1 + \cos(2\theta)]\right\}$$

$$\tau_f\sigma_2 = \left\{\frac{1}{2}\mu\left[(\sigma_1 + \sigma_2)(\sigma_1 - \sigma_2)\cos(2\theta)\right]\right\}\sigma_2 = D_4\sigma_1\sigma_2 + D_5\sigma_2^2 \tag{6.50}$$

式中，

$$D_4 = \frac{1}{2}\mu[1 - \cos(2\theta)]$$

$$D_5 = \frac{1}{2}\mu[1 + \cos(2\theta)]$$

$$\tau^*\tau_f = \left\{\frac{1}{2}\left[(\sigma_1 - \sigma_2)\sin(2\theta)\right] - \mu\left[(\sigma_1 + \sigma_2) - (\sigma_1 - \sigma_2)\cos(2\theta)\right]\right\}$$

$$\cdot \frac{1}{2}\mu[\sigma_1 + \sigma_2 - (\sigma_1 - \sigma_2)\cos(2\theta)]$$

$$= D_6\sigma_1^2 - D_7\sigma_2^2 + D_8\sigma_1\sigma_2 \tag{6.51}$$

式中，

$$D_6 = \frac{\mu}{4}\sin(2\theta)[1 - \cos(2\theta)] - \frac{\mu^2}{4}[1 - \cos(2\theta)]^2$$

$$D_7 = \frac{\mu}{4}\sin(2\theta)[1 + \cos(2\theta)] + \frac{\mu^2}{4}[1 + \cos(2\theta)]^2$$

$$D_8 = \frac{\mu}{2}\cos(2\theta)\sin(2\theta) + \frac{\mu^2}{2}\sin^2(2\theta)$$

根据式(6.48)~式(6.51)，式(6.47)进一步写为

$$
\begin{aligned}
& 2A_1(B_2\sigma_1^2 + B_3\sigma_2^2 + B_4\sigma_1\sigma_2) - 2B_1\sigma_2^2 - 2D_1(D_2\sigma_1\sigma_2 - D_3\sigma_2^2) \\
& + M_1(D_6\sigma_1^2 - D_7\sigma_2^2 + D_8\sigma_1\sigma_2) - M_2(D_4\sigma_1\sigma_2 + D_5\sigma_2^2) \\
& = 4bh(S_{11}\sigma_1^2 + 2S_{12}\sigma_1\sigma_2 + S_{22}\sigma_2^2)
\end{aligned}
\tag{6.52}
$$

因此，有

$$
\begin{cases}
S_{11} = \dfrac{2A_1B_2 + M_1D_6}{4hb} \\[2mm]
S_{22} = \dfrac{2A_1B_3 - 2B_1 + 2D_1D_3 - M_1D_7 - M_2D_5}{4hb} \\[2mm]
S_{12} = \dfrac{2A_1B_4 - 2D_1D_2 + M_1D_8 - M_2D_4}{8hb}
\end{cases}
\tag{6.53}
$$

因此，由裂纹扩展引起的非线性应变为

$$
\boldsymbol{\varepsilon}^{\mathrm{d}} =
\begin{bmatrix} \varepsilon_1^{\mathrm{d}} \\ \varepsilon_2^{\mathrm{d}} \end{bmatrix}
=
\begin{bmatrix} S_{11} & S_{12} \\ S_{21} & S_{22} \end{bmatrix}
\begin{bmatrix} \sigma_1 \\ \sigma_2 \end{bmatrix}
=
\begin{bmatrix} S_{11}\sigma_1 + S_{12}\sigma_2 \\ S_{21}\sigma_1 + S_{22}\sigma_2 \end{bmatrix}
\tag{6.54}
$$

在不考虑裂纹相互作用对裂纹扩展造成的非线性应变影响时，含 N 条裂纹的岩石单元的总的非线性应变为 $N\boldsymbol{\varepsilon}^{\mathrm{d}}$。

由式(6.35)和式(6.54)可得

$$
\begin{bmatrix} \varepsilon_1 \\ \varepsilon_2 \end{bmatrix}
=
\begin{bmatrix} \varepsilon_1^{\mathrm{e}} \\ \varepsilon_2^{\mathrm{e}} \end{bmatrix}
+
\begin{bmatrix} \varepsilon_1^{\mathrm{d}} \\ \varepsilon_2^{\mathrm{d}} \end{bmatrix}
$$

$$
= \frac{(k+1)(1+v)}{4E}
\begin{bmatrix} 1 & \dfrac{k-3}{k+1} \\[2mm] \dfrac{k-3}{k+1} & 1 \end{bmatrix}
\begin{bmatrix} \sigma_1 \\ \sigma_2 \end{bmatrix}
+ N
\begin{bmatrix} S_{11} & S_{12} \\ S_{21} & S_{22} \end{bmatrix}
\begin{bmatrix} \sigma_1 \\ \sigma_2 \end{bmatrix}
\tag{6.55}
$$

$$
\begin{cases}
\varepsilon_1 = \dfrac{\sigma_1}{E} + NS_{11}\sigma_1 \\[2mm]
\varepsilon_2 = -\dfrac{v\sigma_1}{E} + NS_{12}\sigma_1 \\[2mm]
\varepsilon_3 = \varepsilon_2
\end{cases}
\tag{6.56}
$$

因此，体积应变可由式(3.2)得出。

6.7.3　岩石的细观力学参数的确定

在运用滑移型裂纹模型研究岩石在压缩荷载作用下的力学特性时，初始裂纹长度、裂纹间距、裂纹面的摩擦系数和初始裂纹的角度是比较关键的参数。但是，这几个参数又是最不容易确定的，最主要的一个原因在于如何定义一个裂纹。例如，模型分析中，裂纹被视为直线形式，而实际存在于岩石中的裂纹是曲线型，而且是不规则的。另外，扫描电镜的观测结果显示，裂纹之间常有岩桥连接，是否可以把通过岩桥相连的裂纹视为一个裂纹还没有统一的结论。为解决这些问题，Fredrich 和 Evens[66]提出了一种简单的方法，认为岩石内部的初始裂纹长度 $2c$ 与材料的颗粒直径 d 处于同一量级，而且与材料的颗粒直径有关。根据岩石切片观测和扫描电镜观察结果，他们指出，初始裂纹长度与材料颗粒直径的关系为 $0.2d \leqslant 2c \leqslant d$。因此，本书分析中，取 $2c = d$。同时，根据 Shang 等[7]的研究成果，武吉知马花岗岩的平均颗粒直径约为 1.5mm。因此，取初始裂纹长度($2c$) 为 1.5mm，相邻裂纹间距($2w$) 取岩石初始裂纹长度的 4 倍即 6mm。

确定岩石单元体内的裂纹数量是比较复杂的问题。通常，采用裂纹密度的概念来间接描述单元体内的裂纹数量。裂纹密度 χ 定义为 $\chi = \dfrac{Nc^2}{V}$，其中，N/V 为单位体积中的裂纹数量。本书的模型中，V 为单位厚度的单元体的体积，即 $4hb$。Hadley[68]较早估计过未受荷载作用的 Westly 花岗岩的裂纹密度 $\chi = 0.25$。Fredrich 和 Evens[66]的研究进一步指出，如果假定 $2c = d$，那么 $\chi = 0.2 \sim 0.5$ 基本上对应于每一个岩石颗粒周围含 $0.5 \sim 1.5$ 个微裂隙。他们认为裂纹密度的这一取值范围是可信的。因此，这里取 $\chi = 0.25$。

除了上述的细观参数外，Fredrich 和 Evens[66]、Horn 和 Deere[69]、Paterson[70]等指出含石英矿物的岩石内部含有的微裂纹面的摩擦系数为 $0.1 \sim 0.7$。这里取 $\mu = 0.3$，另外，初始裂纹面与轴向应力的夹角取为 45°。

6.7.4　模型分析结果

单轴压应力作用下，裂纹扩展准则式(6.30)未满足之前，岩石单元处于完全线弹性状态，此时单元体的应变由式(6.35)和式(6.56)确定。当式(6.30)

满足时，拉伸裂纹将产生扩展。此时，由拉伸裂纹扩展和初始裂纹滑移造成的非线性应变及总的单元体应变由式(6.54)～式(6.56)确定。第 2 章关于武吉知马花岗岩的单轴动态试验结果表明，花岗岩的弹性模量和泊松比随应变速率的变化很小，可以看成是与应变速率无关的量，因此在模型研究中，花岗岩的弹性模量和泊松比分别取为 65MPa 及 0.25。

图 6.29 为在动态单轴压应力条件下基于滑移型裂纹模型得到的不同应变速率下花岗岩的应力-应变曲线及与试验结果的比较。可以看出，理论结果与试验结果吻合得比较好。

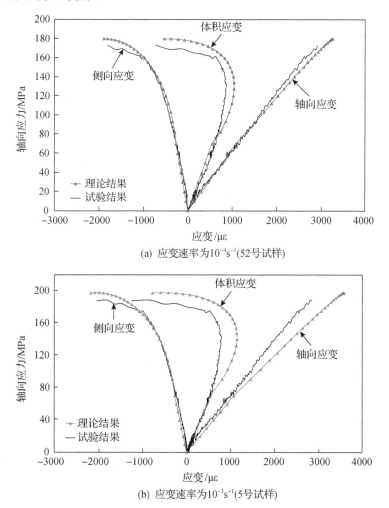

(a) 应变速率为$10^{-4}s^{-1}$(52号试样)

(b) 应变速率为$10^{-3}s^{-1}$(5号试样)

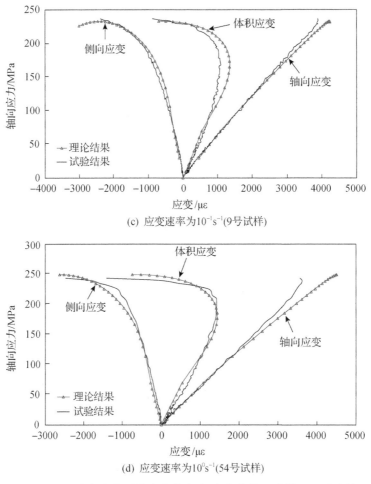

(c) 应变速率为$10^{-1}s^{-1}$(9号试样)

(d) 应变速率为$10^{0}s^{-1}$(54号试样)

图 6.29 不同应变速率下花岗岩的应力-应变曲线理论结果及试验结果

图6.30给出了应变速率为$10^{-1}s^{-1}$时裂纹扩展引起的非线性应变与总应变的比值与轴向应力的关系。可以看出,这些比值随着轴向应力的增加而增加。在轴向应力达到最大值(强度值)时,对于轴向应变,裂纹扩展引起的非线性应变占轴向总应变的15%;而对于侧向应变,裂纹扩展引起的非线性应变占侧向总应变的70%左右。图 6.30 中,裂纹扩展引起的非线性体积应变对体积应变总值的贡献用非线性体积应变与线性体积应变的比值表示。结果表明,当轴向应力达到最大值时,非线性体积应变与线性体积应变的比值达到1.3。因此,裂纹扩展引起的非线性应变对侧向应变和体积应变的影响比轴向应变大。进一步的研究还表明,非线性应变对总应变的贡献在不同应变速率($10^{-4}s^{-1}$、

10^{-3}s^{-1}、10^{-2}s^{-1}、10^{-1}s^{-1}、10^{0}s^{-1}）下基本相同。

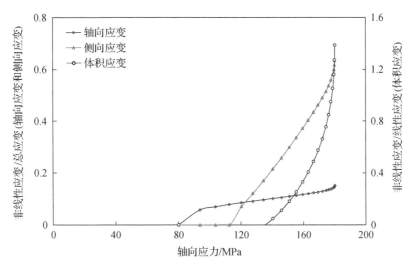

图 6.30　裂纹扩展引起的花岗岩的非线性应变与总应变比值与轴向应力的关系

图 6.31 给出了当应变速率为 10^{-1}s^{-1} 时，初始裂纹滑移引起的非线性应变与拉伸裂纹扩展引起的非线性应变的比值与轴向应力的关系。可以看出，初始裂纹滑移引起的轴向非线性应变与拉伸裂纹扩展引起的轴向非线性应变的比值随着轴向应力的增加而减小，当轴向应力达到最大值时，两者的比值趋近于 1。而对于侧向应变和体积应变，初始裂纹滑移引起的非线性应变与

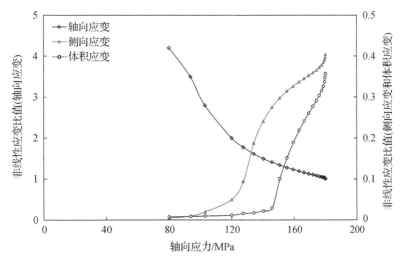

图 6.31　花岗岩的初始裂纹滑移引起的非线性应变与拉伸裂纹扩展引起的
非线性应变的比值与轴向应力的关系

拉伸裂纹扩展引起的非线性应变的比值随着轴向应力的增加而增加，当轴向应力达到最大值时，两者的比值约为 0.4。上述结果表明，初始裂纹的滑移对花岗岩非线性应变的贡献不能忽略。

图 6.32 给出了不同应变速率下花岗岩的轴向损伤量与轴向应变的关系。轴向损伤量 D 定义为

$$D = 1 - \frac{\hat{E}}{E} \qquad (6.57)$$

式中，E 为完整花岗岩的弹性模量(即裂纹未扩展时的模量)；$\hat{E}$ 为含裂纹花岗岩在荷载作用下(裂纹扩展)的模量，在试验数据的处理中，$\hat{E}$ 取为切线模量。

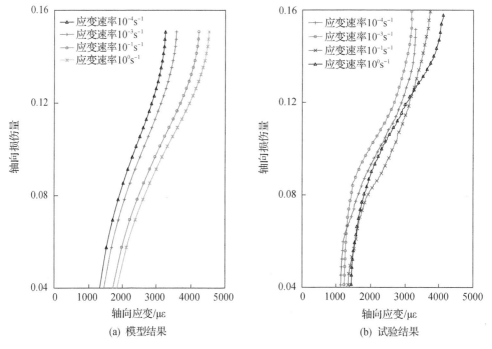

(a) 模型结果　　　　　　　　　　(b) 试验结果

图 6.32　不同应变速率下花岗岩的轴向损伤量与轴向应变的关系

式(6.57)表示的是单轴情况下的轴向变形关系，实际上也描述了花岗岩的损伤演变方程，即

$$D = 1 - \frac{1}{1 + ENS_{11}} \qquad (6.58)$$

由图 6.32 可以看出，模型结果与试验结果吻合得比较好，当花岗岩的轴向应变达到破坏应变(轴向应力达到强度值)时，不同应变速率下，轴向损伤量均为 0.15。图 6.32 的结果还表明，在不同的应变速率下，损伤演变方程基本相同，只是对应于损伤起始的初始应变(初始应力)随着应变速率的增加而增加。

图 6.33～图 6.35 给出了应变速率为 $10^{-4}s^{-1}$ 和 $10^{0}s^{-1}$ 时，花岗岩的细观参数(如裂纹密度、裂纹间距与初始裂纹长度比值以及裂纹面的摩擦系数)对轴向损伤量的影响，图中归一化的应变为实际应变除以破坏应变。可以看出，不同的应变速率下，这些细观参量对轴向损伤量的影响基本相同。花岗岩破坏时的轴向损伤量随着裂纹密度的增加有明显的增加趋势，而对应于损伤起始的应变值随裂纹密度的增加变化相对较小。随着裂纹间距与初始裂纹长度比值的增加，对应于损伤起始的应变值有较明显的减小趋势，而材料破坏时的损伤值也明显增加。另外，在单轴荷载作用下，裂纹面的摩擦系数变化对轴向损伤量的影响较小，不同的裂纹面摩擦系数下，损伤起始对应的应变值及材料破坏对应的轴向损伤量变化不大。

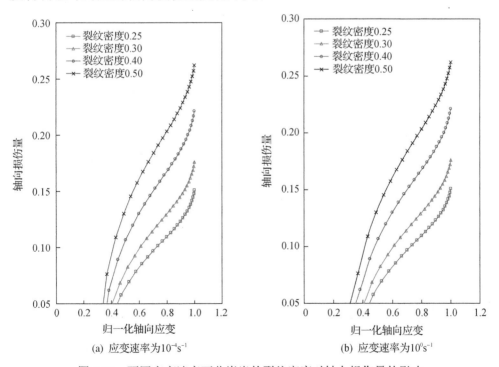

(a) 应变速率为 $10^{-4}s^{-1}$　　　　(b) 应变速率为 $10^{0}s^{-1}$

图 6.33　不同应变速率下花岗岩的裂纹密度对轴向损伤量的影响

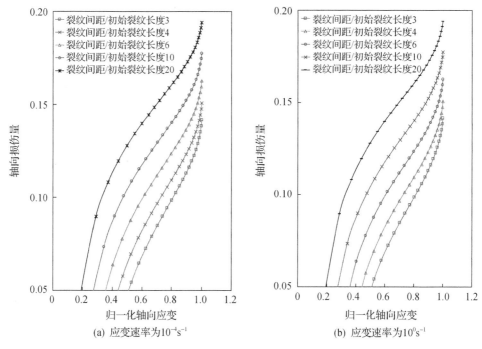

(a) 应变速率为$10^{-4}s^{-1}$

(b) 应变速率为10^0s^{-1}

图 6.34 不同应变速率下花岗岩的裂纹间距与初始裂纹长度比值对轴向损伤量的影响

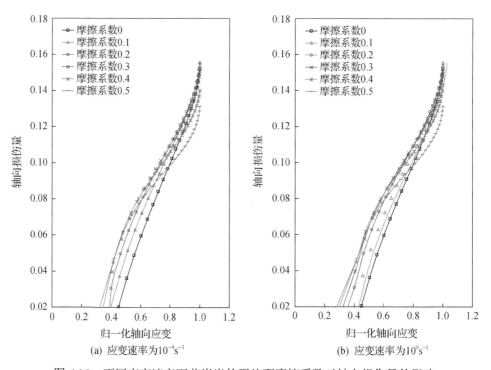

(a) 应变速率为$10^{-4}s^{-1}$

(b) 应变速率为10^0s^{-1}

图 6.35 不同应变速率下花岗岩的裂纹面摩擦系数对轴向损伤量的影响

图 6.36 为基于滑移型裂纹模型得到的不同应变速率下花岗岩的体积应变与轴向应力的关系及与试验曲线的对比。可以看出，理论结果与模型结果吻合得比较好。在不同的应变速率下，剪胀现象都比较明显，同时，剪胀起始应力随应变速率的增加有增加的趋势。

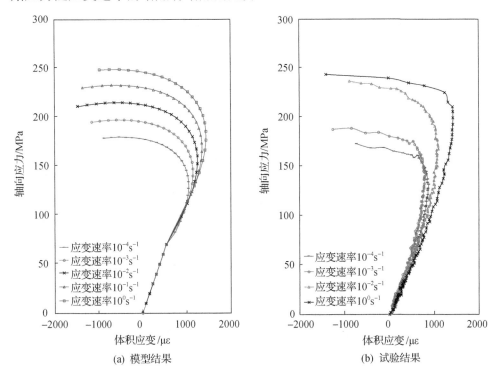

(a) 模型结果　　　　　　　　　　(b) 试验结果

图 6.36　不同应变速率下花岗岩的体积应变随轴向应力的关系

第7章 动态三轴压应力作用下的模型研究

第4章的试验结果表明，在三轴压应力作用下，花岗岩试样呈现较明显的剪切破坏模式。细观研究结果显示，岩石类脆性材料的这种剪切破坏也是材料内部固有的裂纹在外荷载作用下扩展的结果。图7.1 为 Horii 和 Nemat-Nasser[34]对板型 Columbia 树脂(室温下为脆性材料)进行的试验。试验中，用侧向压力来模拟常规三轴应力状态下围压对脆性材料破坏模式的影响。试验结果显示，在双轴压应力作用下，试样内部含有的初始裂纹尖端产生拉伸裂纹，这些拉伸裂纹沿试样的对角线方向扩展和聚合，形成剪切破坏模式。同时，他们提出了如图7.2所示的二维模型来描述动态三轴情况下围压对岩石类脆性材料力学特性的影响[34]。图7.2 中，平面单元含一组滑移型裂纹，滑移型裂纹模型的中心线与轴向应力 σ_1 的夹角为 ϕ。平面单元受侧向应力 σ_2 作用，σ_2 用来表征动态三轴情况下围压对材料破坏的影响。本章将基于滑移型裂纹模型，从理论上研究动态三轴压应力作用下花岗岩的强度及变形特性随围压和应变速率的变化规律。

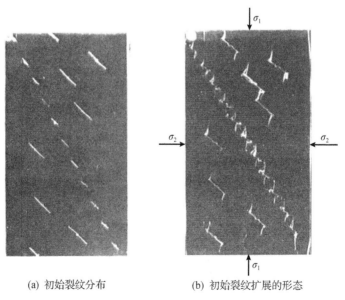

(a) 初始裂纹分布   (b) 初始裂纹扩展的形态

图 7.1 含裂纹的试样在双轴压应力作用下的破坏模式[34]

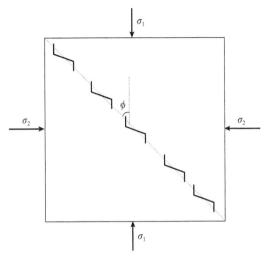

图 7.2 含滑移型裂纹的试样受双轴压应力作用[34]

7.1 虚拟力方法及裂纹的相互作用

在研究图 7.2 所示的裂纹模型之前，首先介绍虚拟力（pseudo-traction）方法及在研究裂纹相互作用中的应用。虚拟力方法由 Horii 和 Nemat-Nasser[33] 于 1985 年提出，用以研究荷载作用下裂纹的相互作用。这种方法主要基于二维 Muskhelishvili 应力函数[71]及虚拟力的 Taylor 展开式来求解裂纹体的应力强度因子。

对于二维的弹性问题，应力场可以用 Muskhelishvili 应力函数描述[71]，在直角坐标系下，有

$$\begin{cases} \sigma_x + \sigma_y = 2(\varphi' + \overline{\varphi}') \\ \sigma_y - \sigma_x + 2\mathrm{i}\tau_{xy} = 2(\overline{z}\varphi'' + \phi') \\ 2G(u_x + \mathrm{i}u_y) = k\varphi - z\overline{\varphi}' - \overline{\phi} \\ z = x + \mathrm{i}y,\ \mathrm{i} = \sqrt{-1} \end{cases} \tag{7.1}$$

式中，σ_x、σ_y 和 τ_{xy} 分别为单元 x、y 方向的正应力及剪应力；u_x 和 u_y 分别为单元沿 x、y 方向的位移；G 为材料的剪切模量；k 为材料常数，在平面应变情况下，$k = 3 - 4\nu$，在平面应力情况下，$k = \dfrac{3 - \nu}{1 + \nu}$，$\nu$ 为材料的泊松比；$\varphi = \varphi(z)$ 和 $\phi = \phi(z)$ 为应力函数。

在极坐标系下，式(7.1)为

$$\sigma_{\theta\theta} + i\sigma_{r\theta} = \varphi'(z) + \overline{\varphi'(z)} + e^{2i\theta}\left[\overline{z}\varphi''(z) + \phi'(z)\right] \tag{7.2}$$

式中，σ_θ 和 $\sigma_{r\theta}$ 分别为环向应力及剪切应力。

图 7.3 所示的弹性体单元含两个裂纹的情况[45]。图 7.3 中，两裂纹的局部坐标系分别为 (x^1, y^1) 和 (x^2, y^2)。坐标系的中心点即裂纹的中心点分别为 O^1 和 O^2，两裂纹的半长分别为 l^1 和 l^2，中心点 O^1 和 O^2 间的距离 $d^{12} = d^{21}$，x^1 轴到 O^1O^2 之间的夹角为 α^{21}，x^1 轴到 x^2 轴之间的夹角为 θ^{21}，每个裂纹在中心承受正应力 P^1 和 P^2 以及剪应力 Q^1 和 Q^2 作用。

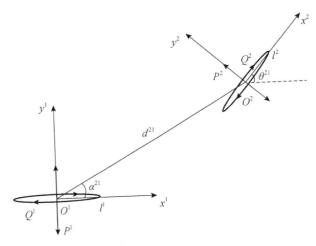

图 7.3　弹性体单元中含两个裂纹示意图[45]

图 7.3 所示的问题可以分解成如图 7.4 所示的两个子问题[45]。图 7.4 中，每一个单元体只包含一个裂纹，裂纹除了承受图 7.3 中所示的集中力 P、Q 之外，还承受虚拟力 σ^p 和 τ^p 作用。虚拟力 σ^p 和 τ^p 反映相邻裂纹对某一裂纹的影响。

在这种情况下，两个子问题的应力边界条件为

$$\begin{cases} \sigma_y^j + P^j + \sigma^{pj} = 0 \\ \tau_{xy}^j + Q^j + \tau^{pj} = 0 \end{cases}, \quad j=1, 2 \tag{7.3}$$

式中，σ_y^j、τ_{xy}^j 分别为裂纹面上的正应力和剪应力。

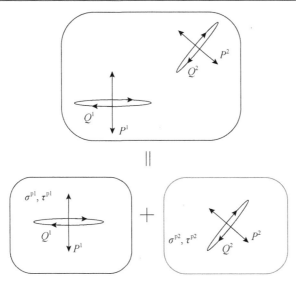

图 7.4　图 7.3 分解成的子问题[45]

在每个裂纹表面作用的虚拟力可以写成 Taylor 展开式[34,45]，即

$$\sigma^{pj} - \mathrm{i}\,\tau^{pj} = \sum_{n=0}^{\infty} (\sigma_n^{pj} - \mathrm{i}\,\tau_n^{pj})\left(\frac{x^j}{l^j}\right)^n, \quad j=1,2; \; n=0,1,\cdots,\infty \qquad (7.4)$$

式中，n 为 Taylor 展开式的阶次；σ_n^{pj} 和 τ_n^{pj} 分别为虚拟力的 n 阶分量。

对于式(7.3)所示的边界条件，其应力函数为

$$\begin{cases} \varphi^{j'}(z^j) = \dfrac{1}{2\pi \mathrm{i} X^j(z^j)} \displaystyle\int_{-l}^{l} \dfrac{X^j(t)(\sigma_y^j - \mathrm{i}\,\tau_{xy}^j)}{t - z^j}\mathrm{d}t, \quad j=1,2 \\[3mm] \phi^{j'}(z^j) = \overline{\varphi^{j'}(\overline{z^j})} - \varphi^{j'}(z^j) - z^j \varphi^{j''}(z^j) \end{cases} \qquad (7.5)$$

式中，

$$z^j = x^j + y^j, \quad X^j(z^j) = \sqrt{(z^j)^2 - (l^j)^2}$$

$$z^2 = d^{12}\mathrm{e}^{\mathrm{i}\alpha^{12}} + x^1\mathrm{e}^{\mathrm{i}\theta^{12}}, \quad |x^1| < l^1$$

$$z^1 = d^{12}\mathrm{e}^{\mathrm{i}\alpha^{21}} + x^1\mathrm{e}^{\mathrm{i}\theta^{21}}, \quad |x^2| < l^2$$

$$\theta^{21} = 2\pi - \theta^{12}, \quad d^{12} = d^{21}, \quad \alpha^{12} = \pi - \theta^{21} + \alpha^{21}$$

将式(7.4)代入式(7.5)，可得应力函数为

$$\varphi^{j'}(z^j) = \frac{(P^j - \mathrm{i}Q^j)}{\pi l^j} \sum_{k=0}^{\infty} g_k \left(\frac{l^j}{z^j}\right)^{2k+2}$$

$$+ \sum_{m=0}^{\infty}\left[(\sigma_{2m}^{pj} - \mathrm{i}\tau_{2m}^{pj})g_m \sum_{k=1}^{\infty} g_k \frac{2k}{m+k}\left(\frac{l^j}{z^j}\right)^{2k}\right]$$

$$+ \sum_{m=1}^{\infty}\left[(\sigma_{2m-1}^{pj} - \mathrm{i}\tau_{2m-1}^{pj})g_m \sum_{k=1}^{\infty} g_k \frac{2k}{m+k}\left(\frac{l^j}{z^j}\right)^{2k+1}\right]$$

$$(7.6)$$

式中，$g_m = \dfrac{(2m)!}{2^{2m+1}(m!)^2}$。

为了使得图 7.4 所示的两个子问题符合图 7.3 所示的裂纹构形，虚拟力必须满足[33, 45]

$$\begin{cases} \sigma^{p2} - \mathrm{i}\tau^{p2} = \varphi^{1'}(z^1) + \overline{\varphi^{1'}(z^1)} + \mathrm{e}^{2\mathrm{i}\theta_{21}}\left[z^1\overline{\varphi^{1''}(z^1)} + \overline{\phi^{1'}(z^1)}\right] \\ \sigma^{p1} - \mathrm{i}\tau^{p1} = \varphi^{1'}(z^2) + \overline{\varphi^{1'}(z^2)} + \mathrm{e}^{2\mathrm{i}\theta_{12}}\left[z^2\overline{\varphi^{2''}(z^2)} + \overline{\phi^{2'}(z^2)}\right] \end{cases} \quad (7.7)$$

将式 (7.6) 代入式 (7.7)，可以得到虚拟力的 n 阶分量的表达式为

$$\begin{cases} \sigma_n^{pj} = \displaystyle\sum_{m=0}^{\infty}\left(A_{nm}^{jk}\sigma_m^{pk} + B_{nm}^{jk}\tau_m^{pk}\right) + E_n^{jk}\frac{P^k}{\pi l^k} + F_n^{jk}\frac{Q^k}{\pi l^k} \\ \tau_n^{pj} = \displaystyle\sum_{m=0}^{\infty}\left(C_{nm}^{jk}\sigma_m^{pk} + D_{nm}^{jk}\tau_m^{pk}\right) + G_n^{jk}\frac{P^k}{\pi l^k} + H_n^{jk}\frac{Q^k}{\pi l^k} \end{cases}, \quad k,j=1,2; j\neq k \quad (7.8)$$

式中，

$$\begin{cases} A_{nm}^{jk} = \begin{cases} g_i\left(\dfrac{l^j}{d^{jk}}\right)^n \displaystyle\sum_{t=1}^{\infty}\dfrac{h_{nt}}{i+t}\left(\dfrac{l^k}{d^{jk}}\right)^{2t} a_{n(2t)}^{jk}, & m = 2i \ (i=1,2,\cdots,\infty) \\ g_i\left(\dfrac{l^j}{d^{jk}}\right)^n \displaystyle\sum_{t=1}^{\infty}\dfrac{h_{nt}}{i+t}\dfrac{2t+n}{2t}\left(\dfrac{l^k}{d^{jk}}\right)^{2t+1} a_{n(2t+1)}^{jk}, & m = 2i-1 \end{cases} \\ h_{nm} = (-1)^n \dfrac{(n+2m-1)!}{2^{2m-1}n!\left[(m-1)!\right]^2} \\ a_{ng}^{jk} = (n+2)\cos[g\alpha^{jk} + n(\alpha^{jk} - \theta^{jk})] - (g+n)\cos[g\alpha^{jk} + (n+2)(\alpha^{jk} - \theta^{jk})] \\ \qquad + g\cos[(g-2)\alpha^{jk} + (n+2)(\alpha^{jk} - \theta^{jk})], \qquad g = 2t, 2t+1 \end{cases}$$

$$(7.9)$$

式 (7.9) 中，只须将 A_{nm}^{jk} 表达式中的 a_{ng}^{jk} 项相应地替换成 b_{ng}^{jk}、c_{ng}^{jk}、d_{ng}^{jk} ($g=2t$，$g=2t+1$)，即可得到式 (7.8) 中的其他项 B_{nm}^{jk}、C_{nm}^{jk} 以及 D_{nm}^{jk} 的表达式，其中，

$$
\begin{cases}
b_{ng}^{jk} = -(n+2)\sin\left[g\alpha^{jk} + n(\alpha^{jk}-\theta^{jk})\right] + (g+n)\sin\left[g\alpha^{jk} + (n+2)(\alpha^{jk}-\theta^{jk})\right] \\
\qquad -(g-2)\sin\left[(g-2)\alpha^{jk} + (n+2)(\alpha^{jk}-\theta^{jk})\right] \\
c_{ng}^{jk} = -n\sin\left[g\alpha^{jk} + n(\alpha^{jk}-\theta^{jk})\right] + (g+n)\sin\left[g\alpha^{jk} + (n+2)(\alpha^{jk}-\theta^{jk})\right] \\
\qquad -g\sin\left[(g-2)\alpha^{jk} + (n+2)(\alpha^{jk}-\theta^{jk})\right] \\
d_{ng}^{jk} = -n\cos\left[g\alpha^{jk} + n(\alpha^{jk}-\theta^{jk})\right] + (g+n)\cos\left[g\alpha^{jk} + (n+2)(\alpha^{jk}-\theta^{jk})\right] \\
\qquad -(g-2)\cos\left[(g-2)\alpha^{jk} + (n+2)(\alpha^{jk}-\theta^{jk})\right]
\end{cases}
$$

$$(7.10)$$

式 (7.8) 中，

$$
E_n^{jk} = \left(\frac{l^j}{d^{jk}}\right)^n \sum_{m=1}^{\infty} \frac{h_{nm}}{2m-1}\left(\frac{l^k}{d^{jk}}\right)^{2m} a_{n(2m)}^{jk} \tag{7.11}
$$

在式 (7.9) 中，令 $g=2m$，即可得到式 (7.11) 中 $a_{n(2m)}^{jk}$ 项的表达式。

同样地，将 $a_{n(2m)}^{jk}$ 相应地替换成 $b_{n(2m)}^{jk}$、$c_{n(2m)}^{jk}$、$d_{n(2m)}^{jk}$，可以得到式 (7.8) 中的其他项 F_n^{jk}、G_n^{jk} 和 H_n^{jk} 的表达式。

因此，由式 (7.8) 可以计算出虚拟力的 n 阶分量，将之代入式 (7.4) 可以得到虚拟力的 Taylor 展开式，从而可以得到图 7.4 所示的两个子问题中的两个裂纹的应力强度因子表达式

$$
\begin{cases}
K_{\mathrm{I}}^{j}(l^j) = \sqrt{\pi l^j}\left(\dfrac{P^j}{\pi l^j} + \sum_{k=0}^{\infty} 2g_k \sigma_{2k}^{pj} \pm \sum_{k=1}^{\infty} 2g_k \sigma_{2k-1}^{pj}\right) \\
K_{\mathrm{II}}^{j}(l^j) = \sqrt{\pi l^j}\left(\dfrac{Q^j}{\pi l^j} + \sum_{k=0}^{\infty} 2g_k \tau_{2k}^{pj} \pm \sum_{k=1}^{\infty} 2g_k \tau_{2k-1}^{pj}\right)
\end{cases}, \quad j=1,2 \tag{7.12}
$$

7.2　多裂纹受集中力作用

如图 7.5 所示的一组拉伸裂纹，由于虚拟力沿裂纹组的轴线对称，易知[33, 45]

$$
\sigma_{2k-1}^{pj} = \tau_{2k-1}^{pj} = 0, \quad k=1,2,\cdots,\infty; \ j=0,\pm1,\pm2,\cdots,\pm\infty \tag{7.13}
$$

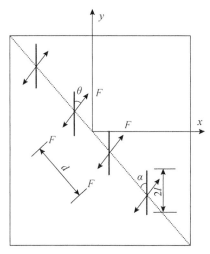

图 7.5　含多裂纹的弹性体单元

假设弹性体单元含 $2M+1$ 个裂纹，下面分析 $2N$ 阶虚拟力的 Taylor 展开式。所有裂纹均平行于 x 轴，在式(7.10)中有 $\theta^{jk}=0$，因此有 $C_{(2n)(2m)}^{jk}=B_{(2n)(2m)}^{jk}$，$G_{2n}^{jk}=F_{2n}^{jk}$。根据函数的周期性，作用在每一个裂纹上的虚拟力相同，有

$$\begin{cases} \sigma_{2n}^{\mathrm{p}}=\sum_{m=0}^{N}\left[\left(2\sum_{k=1}^{M}A_{(2n)(2m)}\right)\sigma_{2m}^{\mathrm{p}}+\left(2\sum_{j=1}^{M}B_{(2n)(2m)}\right)\tau_{2m}^{\mathrm{p}}\right]+\left(2\sum_{k=1}^{M}E_{2n}\right)P+\left(2\sum_{j=1}^{M}F_{2n}\right)Q \\ \tau_{2n}^{\mathrm{p}}=\sum_{m=0}^{N}\left[\left(2\sum_{k=1}^{M}B_{(2n)(2m)}\right)\sigma_{2m}^{\mathrm{p}}+\left(2\sum_{j=1}^{M}D_{(2n)(2m)}\right)\tau_{2m}^{\mathrm{p}}\right]+\left(2\sum_{k=1}^{M}F_{2n}\right)P+\left(2\sum_{j=1}^{M}H_{2n}\right)Q \end{cases}$$

$$(7.14)$$

式中，

$$P=F\sin\theta，\quad Q=F\cos\theta$$

图 7.5 中裂纹尖端的应力强度因子可根据式(7.12)求出，即

$$\begin{cases} K_{\mathrm{I}}^{\mathrm{array}}=\frac{1}{\sqrt{\pi l}}\left(P+\sum_{k=0}^{\infty}2g_k\sigma_{2k}^{\mathrm{p}}\right) \\ K_{\mathrm{II}}^{\mathrm{array}}=\frac{1}{\sqrt{\pi l}}\left(Q+\sum_{k=0}^{\infty}2g_k\tau_{2k}^{\mathrm{p}}\right) \end{cases}$$

$$(7.15)$$

为了简化计算，将式(7.14)的虚拟力写成 $2(N{-}1)$ 阶 Taylor 展开式，有

$$\begin{cases} \sigma_0^p = 2\sum_{k=1}^{M} A_{00}\sigma_0^p + 2\sum_{k=1}^{M} B_{00}\tau_0^p + 2\sum_{k=1}^{M} A_{02}\sigma_2^p + 2\sum_{k=1}^{M} B_{02}\tau_2^p + 2\sum_{k=1}^{M} E_0 P + 2\sum_{k=1}^{M} F_0 Q \\[2mm] \sigma_2^p = 2\sum_{k=1}^{M} A_{20}\sigma_0^p + 2\sum_{k=1}^{M} B_{20}\tau_0^p + 2\sum_{k=1}^{M} A_{22}\sigma_2^p + 2\sum_{k=1}^{M} B_{22}\tau_2^p + 2\sum_{k=1}^{M} E_2 P + 2\sum_{k=1}^{M} F_2 Q \\[2mm] \tau_0^p = 2\sum_{k=1}^{M} B_{00}\sigma_0^p + 2\sum_{k=1}^{M} D_{00}\tau_0^p + 2\sum_{k=1}^{M} B_{02}\sigma_2^p + 2\sum_{k=1}^{M} D_{02}\tau_2^p + 2\sum_{k=1}^{M} F_0 P + 2\sum_{k=1}^{M} H_0 Q \\[2mm] \tau_2^p = 2\sum_{k=1}^{M} B_{20}\sigma_0^p + 2\sum_{k=1}^{M} D_{20}\tau_0^p + 2\sum_{k=1}^{M} B_{22}\sigma_2^p + 2\sum_{k=1}^{M} D_{22}\tau_2^p + 2\sum_{k=1}^{M} F_2 P + 2\sum_{k=1}^{M} H_2 Q \end{cases}$$

$$(7.16)$$

式中，虚拟力分量 σ_0^p、σ_2^p、τ_0^p 及 τ_2^p 的求解归结到求系数 $\sum_{k=1}^{M} A_{00}$、$\sum_{k=1}^{M} A_{02}$、

$\sum_{k=1}^{M} A_{20}$、$\sum_{k=1}^{M} A_{22}$、$\sum_{k=1}^{M} B_{00}$、$\sum_{k=1}^{M} B_{02}$、$\sum_{k=1}^{M} B_{20}$、$\sum_{k=1}^{M} B_{22}$、$\sum_{k=1}^{M} D_{00}$、$\sum_{k=1}^{M} D_{02}$、$\sum_{k=1}^{M} D_{20}$、

$\sum_{k=1}^{M} D_{22}$、$\sum_{k=1}^{M} E_0$、$\sum_{k=1}^{M} E_2$、$\sum_{k=1}^{M} F_0$、$\sum_{k=1}^{M} F_2$、$\sum_{k=1}^{M} H_0$、$\sum_{k=1}^{M} H_2$ 的值。

根据式 (7.9) 给出的各系数的值，有

$$\sum_{k=1}^{M} A_{00} = \sum_{k=1}^{M} g_0 \left(\frac{l^k}{d^k}\right)^0 \sum_{t=1}^{\infty} \frac{h_{0t}}{0+t}\left(\frac{l^k}{d^k}\right)^{2t} a_{0(2t)}^k \tag{7.17}$$

计算虚拟力展开式时，忽略高于 $\left(\dfrac{l}{d}\right)^2$ 的项次，因此在实际计算 $\sum_{t=1}^{\infty}\dfrac{h_{0t}}{0+t}$

$\left(\dfrac{l^k}{d^k}\right)^{2t} a_{0(2t)}^k$ 时，取 $t=1$，则式 (7.17) 为

$$\begin{aligned} \sum_{k=1}^{M} A_{00} &= \sum_{k=1}^{M} g_0 h_{01}\left(\frac{l^k}{d^k}\right)^2 a_{02}^k \\ &= \frac{1}{2}\frac{1}{2}\sum_{k=1}^{M}\left(\frac{l^k}{d^k}\right)^2 \left[4\cos(2\alpha^k) - 2\cos(4\alpha^k)\right] \end{aligned}$$

$$(7.18)$$

$l^k = l$、$d^k = kd$、$\alpha^k = \alpha$，因此式 (7.18) 可进一步写成

$$\sum_{k=1}^{M} A_{00} = \frac{1}{4}\left[4\cos(2\alpha) - 2\cos(4\alpha)\right]\left(\frac{l}{d}\right)^2 \sum_{k=1}^{M}\frac{1}{k^2}$$

由于 $\sum\limits_{k=1}^{M}\dfrac{1}{k^2}=\dfrac{\pi^2}{6}$ ，则有

$$\sum_{k=1}^{M}A_{00}=\frac{1}{4}\left[4\cos(2\alpha)-2\cos(4\alpha)\right]\left(\frac{l}{d}\right)^2\frac{\pi^2}{6} \tag{7.19}$$

同理，其他系数的值均可由式(7.9)及式(7.10)得到，即

$$\sum_{k=1}^{M}A_{02}=\sum_{k=1}^{M}g_1\left(\frac{l^k}{d^k}\right)^0\sum_{t=1}^{\infty}\frac{h_{0t}}{1+t}\left(\frac{l^k}{d^k}\right)^{2t}a_{0(2t)}^{k}$$

$$=g_1h_{01}\left(\frac{l}{d}\right)^2\sum_{k=1}^{M}a_{02}^{k}\frac{1}{k^2}=\frac{1}{16}\left(\frac{l}{d}\right)^2\left[4\cos(2\alpha)-2\cos(4\alpha)\right]\frac{\pi^2}{6}$$

$$\sum_{k=1}^{M}A_{20}=\sum_{k=1}^{M}g_0\left(\frac{l^k}{d^k}\right)^2\sum_{t=1}^{\infty}\frac{h_{2t}}{0+t}\left(\frac{l^k}{d^k}\right)^{2t}a_{2(2t)}^{k}$$

$$=g_0h_{21}\left(\frac{l}{d}\right)^4\sum_{k=1}^{M}a_{22}^{k}\frac{1}{k^4}$$

$$=\frac{3}{4}\left(\frac{l}{d}\right)^4\left[6\cos(4\alpha)-4\cos(6\alpha)\right]\frac{\pi^4}{60}$$

$$\sum_{k=1}^{M}A_{22}=\sum_{k=1}^{M}g_1\left(\frac{l^k}{d^k}\right)^2\sum_{t=1}^{\infty}\frac{h_{2t}}{1+t}\left(\frac{l^k}{d^k}\right)^{2t}a_{2(2t)}^{k}$$

$$=\frac{1}{2}g_1h_{21}\left(\frac{l}{d}\right)^4\sum_{k=1}^{M}a_{22}^{k}\frac{1}{k^4}=\frac{3}{16}\left(\frac{l}{d}\right)^4\left[6\cos(4\alpha)-4\cos(6\alpha)\right]\frac{\pi^4}{60}$$

$$\sum_{k=1}^{M}B_{00}=\sum_{k=1}^{M}g_0\left(\frac{l^k}{d^k}\right)^0\sum_{t=1}^{\infty}\frac{h_{0t}}{0+t}\left(\frac{l^k}{d^k}\right)^{2t}b_{0(2t)}^{k}$$

$$=g_0h_{01}\left(\frac{l}{d}\right)^2\sum_{k=1}^{M}b_{02}^{k}\frac{1}{k^2}=\frac{1}{4}\left(\frac{l}{d}\right)^2\left[2\sin(4\alpha)-2\sin(2\alpha)\right]\frac{\pi^2}{6}$$

$$\sum_{k=1}^{M}B_{02}=\sum_{k=1}^{M}g_1\left(\frac{l^k}{d^k}\right)^0\sum_{t=1}^{\infty}\frac{h_{0t}}{1+t}\left(\frac{l^k}{d^k}\right)^{2t}b_{0(2t)}^{k}$$

$$=g_1h_{01}\left(\frac{l}{d}\right)^2\sum_{k=1}^{M}b_{02}^{k}\frac{1}{k^2}=\frac{1}{16}\left(\frac{l}{d}\right)^2\left[2\sin(4\alpha)-2\sin(2\alpha)\right]\frac{\pi^2}{6}$$

$$\sum_{k=1}^{M} B_{20} = \sum_{k=1}^{M} g_0 \left(\frac{l^k}{d^k}\right)^2 \sum_{t=1}^{\infty} \frac{h_{2t}}{0+t} \left(\frac{l^k}{d^k}\right)^{2t} b_{2(2t)}^k$$

$$= g_0 h_{21} \left(\frac{l}{d}\right)^4 \sum_{k=1}^{M} b_{22}^k \frac{1}{k^4} = \frac{3}{4} \left(\frac{l}{d}\right)^4 \left[4\sin(6\alpha) - 4\sin(4\alpha)\right] \frac{\pi^4}{60}$$

$$\sum_{k=1}^{M} B_{22} = \sum_{k=1}^{M} g_1 \left(\frac{l^k}{d^k}\right)^2 \sum_{t=1}^{\infty} \frac{h_{2t}}{1+t} \left(\frac{l^k}{d^k}\right)^{2t} b_{2(2t)}^k$$

$$= \frac{1}{2} g_1 h_{21} \left(\frac{l}{d}\right)^4 \sum_{k=1}^{M} b_{22}^k \frac{1}{k^4} = \frac{3}{16} \left(\frac{l}{d}\right)^4 \left[4\sin(6\alpha) - 4\sin(4\alpha)\right] \frac{\pi^4}{60}$$

$$\sum_{k=1}^{M} D_{00} = \sum_{k=1}^{M} g_0 \left(\frac{l^k}{d^k}\right)^0 \sum_{t=1}^{\infty} \frac{h_{0t}}{0+t} \left(\frac{l^k}{d^k}\right)^{2t} d_{0(2t)}^k$$

$$= g_0 h_{01} \left(\frac{l}{d}\right)^2 \sum_{k=1}^{M} d_{02}^k \frac{1}{k^2} = \frac{1}{4} \left(\frac{l}{d}\right)^2 2\cos(4\alpha) \frac{\pi^2}{6}$$

$$\sum_{k=1}^{M} D_{02} = \sum_{k=1}^{M} g_1 \left(\frac{l^k}{d^k}\right)^0 \sum_{t=1}^{\infty} \frac{h_{0t}}{1+t} \left(\frac{l^k}{d^k}\right)^{2t} d_{0(2t)}^k$$

$$= g_1 h_{01} \left(\frac{l}{d}\right)^2 \sum_{k=1}^{M} d_{02}^k \frac{1}{k^2} = \frac{1}{16} \left(\frac{l}{d}\right)^2 2\cos(4\alpha) \frac{\pi^2}{6}$$

$$\sum_{k=1}^{M} D_{20} = \sum_{k=1}^{M} g_0 \left(\frac{l^k}{d^k}\right)^2 \sum_{t=1}^{\infty} \frac{h_{2t}}{0+t} \left(\frac{l^k}{d^k}\right)^{2t} d_{2(2t)}^k$$

$$= g_0 h_{21} \left(\frac{l}{d}\right)^4 \sum_{k=1}^{M} d_{22}^k \frac{1}{k^4} = \frac{3}{4} \left(\frac{l}{d}\right)^4 \left[4\cos(6\alpha) - 2\cos(4\alpha)\right] \frac{\pi^4}{60}$$

$$\sum_{k=1}^{M} D_{22} = \sum_{k=1}^{M} g_1 \left(\frac{l^k}{d^k}\right)^2 \sum_{t=1}^{\infty} \frac{h_{2t}}{1+t} \left(\frac{l^k}{d^k}\right)^{2t} d_{2(2t)}^k$$

$$= \frac{1}{2} g_1 h_{21} \left(\frac{l}{d}\right)^4 \sum_{k=1}^{M} d_{22}^k \frac{1}{k^4} = \frac{3}{16} \left(\frac{l}{d}\right)^4 \left[4\cos\alpha - 2\cos(4\alpha)\right] \frac{\pi^4}{60}$$

$$\sum_{k=1}^{M} E_0 = \sum_{k=1}^{M} \left(\frac{l^k}{d^k}\right)^0 \sum_{m=1}^{\infty} \frac{h_{0m}}{2m-1} \left(\frac{l^k}{d^k}\right)^{2m} a_{0(2m)}^k$$

$$= \frac{1}{2} h_{01} \left(\frac{l}{d}\right)^2 \sum_{k=1}^{M} a_{02}^k \frac{1}{k^2} = \frac{1}{2} \left(\frac{l}{d}\right)^2 \left[4\cos(2\alpha) - 2\cos(4\alpha)\right] \frac{\pi^2}{6}$$

$$\sum_{k=1}^{M} E_2 = \sum_{k=1}^{M} \left(\frac{l^k}{d^k}\right)^2 \sum_{m=1}^{\infty} \frac{h_{2m}}{2m-1} \left(\frac{l^k}{d^k}\right)^{2m} a_{2(2m)}^k$$

$$= h_{21} \left(\frac{l}{d}\right)^2 \sum_{k=1}^{M} a_{22}^k \frac{1}{k^2} = \frac{3}{2} \left(\frac{l}{d}\right)^4 \left[6\cos(4\alpha) - 4\cos(6\alpha)\right] \frac{\pi^4}{60}$$

$$\sum_{k=1}^{M} F_0 = \sum_{k=1}^{M} \left(\frac{l^k}{d^k}\right)^0 \sum_{m=1}^{\infty} \frac{h_{0m}}{2m-1} \left(\frac{l^k}{d^k}\right)^{2m} b_{0(2m)}^k$$

$$= \frac{1}{2} h_{01} \left(\frac{l}{d}\right)^2 \sum_{k=1}^{M} b_{02}^k \frac{1}{k^2} = \frac{1}{2} \left(\frac{l}{d}\right)^2 \left[2\sin(4\alpha) - 2\sin(2\alpha)\right] \frac{\pi^2}{6}$$

$$\sum_{k=1}^{M} F_2 = \sum_{k=1}^{M} \left(\frac{l^k}{d^k}\right)^2 \sum_{m=1}^{\infty} \frac{h_{2m}}{2m-1} \left(\frac{l^k}{d^k}\right)^{2m} b_{2(2m)}^k$$

$$= h_{21} \left(\frac{l}{d}\right)^2 \sum_{k=1}^{M} b_{22}^k \frac{1}{k^2} = \frac{3}{2} \left(\frac{l}{d}\right)^4 \left[4\sin(6\alpha) - 2\sin(4\alpha)\right] \frac{\pi^4}{60}$$

$$\sum_{k=1}^{M} H_0 = \sum_{k=1}^{M} \left(\frac{l^k}{d^k}\right)^0 \sum_{m=1}^{\infty} \frac{h_{0m}}{2m-1} \left(\frac{l^k}{d^k}\right)^{2m} d_{0(2m)}^k$$

$$= \frac{1}{2} h_{01} \left(\frac{l}{d}\right)^2 \sum_{k=1}^{M} b_{02}^k \frac{1}{k^2} = \frac{1}{2} \left(\frac{l}{d}\right)^2 2\cos(4\alpha) \frac{\pi^2}{6}$$

$$\sum_{k=1}^{M} H_2 = \sum_{k=1}^{M} \left(\frac{l^k}{d^k}\right)^2 \sum_{m=1}^{\infty} \frac{h_{2m}}{2m-1} \left(\frac{l^k}{d^k}\right)^{2m} d_{2(2m)}^k$$

$$= h_{21} \left(\frac{l}{d}\right)^2 \sum_{k=1}^{M} d_{02}^k \frac{1}{k^2} = \frac{3}{2} \left(\frac{l}{d}\right)^4 \left[4\cos(6\alpha) - 2\cos(4\alpha)\right] \frac{\pi^4}{60}$$

$$(7.20)$$

式 (7.20) 中，$\sum_{k=1}^{M} A_{20}$、$\sum_{k=1}^{M} A_{22}$、$\sum_{k=1}^{M} B_{20}$、$\sum_{k=1}^{M} B_{22}$、$\sum_{k=1}^{M} D_{20}$、$\sum_{k=1}^{M} D_{22}$、$\sum_{k=1}^{M} E_2$、

$\sum\limits_{k=1}^{M} F_2$、$\sum\limits_{k=1}^{M} H_2$ 均为 $\left(\dfrac{l}{d}\right)^2$ 的高次项，因此在式(7.16)中求解虚拟力的分量时，可以忽略 σ_2^p 及 τ_2^p 项，则式(7.16)可简化成为

$$
\begin{cases}
\sigma_0^p = 2\sum\limits_{k=1}^{M} A_{00}\sigma_0^p + 2\sum\limits_{k=1}^{M} B_{00}\tau_0^p + 2\sum\limits_{k=1}^{M} E_0 P + 2\sum\limits_{k=1}^{M} F_0 Q \\
\tau_0^p = 2\sum\limits_{k=1}^{M} B_{00}\sigma_0^p + 2\sum\limits_{k=1}^{M} D_{00}\tau_0^p + 2\sum\limits_{k=1}^{M} F_0 P + 2\sum\limits_{k=1}^{M} H_0 Q
\end{cases} \tag{7.21}
$$

从而，

$$
\sigma_0^p = 2\sum\limits_{k=1}^{M} A_{00}\sigma_0^p + \frac{4\left(\sum\limits_{k=1}^{M} B_{00}\right)^2 \sigma_0^p + 4\sum\limits_{k=1}^{M} B_{00}\sum\limits_{k=1}^{M} F_0 P + 4\sum\limits_{k=1}^{M} B_{00} H_0 Q}{1 - 2\sum\limits_{k=1}^{M} D_{00}} \\
+ 2\sum\limits_{k=1}^{M} E_0 P + 2\sum\limits_{k=1}^{M} F_0 Q \tag{7.22}
$$

同样，由于 $\left(\sum\limits_{k=1}^{M} B_{00}\right)^2$、$\sum\limits_{k=1}^{M} B_{00}\sum\limits_{k=1}^{M} F_0$、$\sum\limits_{k=1}^{M} B_{00} H_0$ 为 $\left(\dfrac{l}{d}\right)^2$ 的高次项，可以忽略，则由式(7.22)可进一步得到

$$
\sigma_0^p = \frac{2\sum\limits_{k=1}^{M} E_0 P + 2\sum\limits_{k=1}^{M} F_0 Q}{1 - 2\sum\limits_{k=1}^{M} A_{00}} \tag{7.23}
$$

与 6.3 节的处理方法相似，也不考虑 Ⅱ 型裂纹的影响，则由式(7.15)可以得到图 7.5 所示裂纹组的 Ⅰ 型应力强度因子为

$$
K_{\mathrm{I}}^{\text{array}} = \frac{1}{\sqrt{\pi l}}\left(P + \sum\limits_{k=0}^{M} 2g_k \sigma_{2k}^p\right) = \frac{1}{\sqrt{\pi l}}\left(P + 2g_0 \sigma_0^p\right) = \frac{1}{\sqrt{\pi l}}\left(P + \frac{2\sum\limits_{k=1}^{M} E_0 P + 2\sum\limits_{k=1}^{M} F_0 Q}{1 - 2\sum\limits_{k=1}^{M} A_{00}}\right) \tag{7.24}
$$

由 $Q = P \cot\theta$，有

$$K_{\mathrm{I}}^{\mathrm{array}} = \frac{1}{\sqrt{\pi l}} \frac{1 - 2\sum_{k=1}^{M} A_{00} + 2\sum_{k=1}^{M} E_0 + 2\sum_{k=1}^{M} F_0 \cot\theta}{1 - 2\sum_{k=1}^{M} A_{00}} P \tag{7.25}$$

同样，图 7.5 中，当不考虑裂纹相互作用时，裂纹尖端的应力强度因子为 $K_{\mathrm{I}} = \dfrac{P}{\sqrt{\pi l}}$，因此由裂纹的相互作用引起的应力强度因子放大系数为

$$\frac{K_{\mathrm{I}}^{\mathrm{array}}}{K_{\mathrm{I}}} = \frac{1 - 2\sum_{k=1}^{M} A_{00} + 2\sum_{k=1}^{M} E_0 + 2\sum_{k=1}^{M} F_0 \cot\theta}{1 - 2\sum_{k=1}^{M} A_{00}} \tag{7.26}$$

当 $\alpha = 0$ 时，图 7.5 中的裂纹排列模式变成图 6.16(a) 的情况。在这种情况下，由裂纹的相互作用引起的应力强度因子放大系数的精确解为

$$\frac{K_{\mathrm{I}}^{\mathrm{array}}}{K_{\mathrm{I}}} = \frac{\sqrt{\dfrac{1}{w\sin\dfrac{\pi l}{w}}}}{\dfrac{1}{\sqrt{\pi l}}} = \frac{\sqrt{\pi l}}{\sqrt{w\sin\dfrac{\pi l}{w}}} \tag{7.27}$$

由于图 6.16(a) 中裂纹间距为 $2w$,，而图 7.5 中，裂纹间距为 d，令 $2w = d$，则由虚拟力方法得到的应力强度因子放大系数为

$$\frac{K_{\mathrm{I}}^{\mathrm{array}}}{K_{\mathrm{I}}} = \frac{1 + \dfrac{\pi^2}{6}\left(\dfrac{l}{d}\right)^2}{1 - \dfrac{\pi^2}{6}\left(\dfrac{l}{d}\right)^2} = \frac{1 + \dfrac{\pi^2}{24}\left(\dfrac{l}{w}\right)^2}{1 - \dfrac{\pi^2}{24}\left(\dfrac{l}{w}\right)^2} \tag{7.28}$$

图 7.6 给出了当 $\alpha = 0$ 时，不同裂纹长度与裂纹间距比值下由虚拟力方法得到的应力强度因子放大系数及与理论计算结果的对比。可以看出，由虚拟力方法得到的结果与理论计算结果吻合得较好，特别是在裂纹扩展的初始阶段。

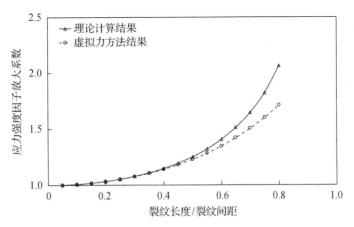

图 7.6　不同裂纹长度与裂纹间距比值下的应力强度因子放大系数（$\alpha = 0$）

图 7.7 给出了由虚拟力方法得到的不同 θ（θ 为集中力与裂纹面夹角，见

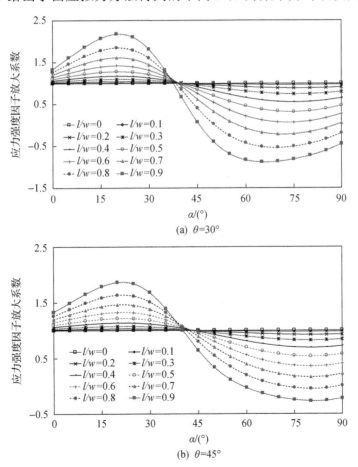

(a) $\theta = 30°$

(b) $\theta = 45°$

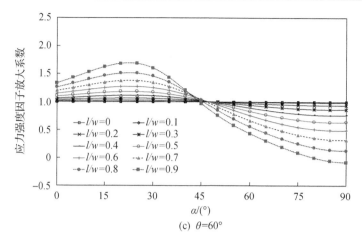

图 7.7　不同 θ 下应力强度因子放大系数与 α 的关系

图 7.5)下应力强度因子放大系数与 α（α 为裂纹轴线与轴向应力夹角，见图 7.5)的关系。可以看出，在不同的 θ（θ =30°、45°、60°)情况下，当 $\alpha \approx 20°$ 时，应力强度因子的放大系数取最大值，这一结果表明与轴向应力夹角为 20° 的一组拉伸裂纹在外荷载作用下最容易扩展。

7.3　多裂纹受远场压应力作用

图 7.8 所示的两条裂纹受远场均匀正向应力 σ_x^∞、σ_y^∞ 和剪应力 τ_{xy}^∞ 作用。根据虚拟力方法，图 7.8 也可以分解成类似图 7.4 的两个子问题，在每个子问题中，单一裂纹在受远场均匀应力的同时受到由于相邻裂纹作用而产生的虚拟力。同样地，对于两个子问题，裂纹边界条件为

$$\sigma_y^j + \sigma_y^\infty + \sigma^{\mathrm{p}j} = 0 , \quad \tau_y^j + \tau_{xy}^\infty + \tau^{\mathrm{p}j} = 0 , \quad j=1,2 \tag{7.29}$$

式中，σ_y^j、τ_y^j 为裂纹面上的应力；$\sigma^{\mathrm{p}j}$、$\tau^{\mathrm{p}j}$ 为虚拟力。

类似地，对于式(7.29)所示的边界条件，应力函数为

$$\begin{cases} \varphi^{j}(z^j) = -\dfrac{\displaystyle\int_{-l^j}^{l^j} \dfrac{\sqrt{t^{j2}-l^{j2}}}{t-z^j}\left[\sigma_y^\infty + \sigma^{\mathrm{p}j} - \mathrm{i}\left(\tau_{xy}^\infty + \tau^{\mathrm{p}j}\right)\right]\mathrm{d}t}{2\pi\mathrm{i}(z^{j2}-l^{j2})^{1/2}} , \quad j=1,2 \\[4pt] \phi^{j}(z^j) = \varphi^{j}(\bar{z}^j) - \varphi^{j}(z^j) - z^j\varphi^{j\prime}(z^j) \end{cases} \tag{7.30}$$

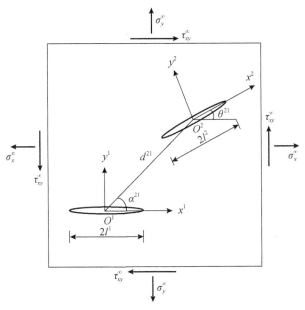

图 7.8　含两条裂纹的弹性体单元受远场均匀应力作用

当把虚拟力展开成式(7.4)所示的 Taylor 展开式时，应力函数的表达式变为

$$\varphi^{j\prime}\left(z^{j}\right)=\sum_{m=0}^{\infty}\left(\sigma_{2m}^{\mathrm{p}j}-\mathrm{i}\,\tau_{2m}^{\mathrm{p}j}\right)\left[\sum_{k=1}^{\infty}f_{mk}\left(\frac{l^{j}}{z^{j}}\right)^{2k}\right]$$

$$+\sum_{m=1}^{\infty}\left(\sigma_{2m-1}^{\mathrm{p}j}-\mathrm{i}\,\tau_{2m-1}^{\mathrm{p}j}\right)\left[\sum_{k=1}^{\infty}f_{mk}\left(\frac{l^{j}}{z^{j}}\right)^{2k+1}\right]+\left(\sigma_{y}^{\infty}-\mathrm{i}\,\tau_{xy}^{\infty}\right)\left[\sum_{k=1}^{\infty}f_{0k}\left(\frac{l^{j}}{z^{j}}\right)^{2k}\right]$$

$$\tag{7.31}$$

式中，

$$f_{mk}=g_{m}\frac{(2k)!}{2^{2k}(m+k)k!(k-1)!}$$

由式(7.7)的条件，可以得到虚拟力分量的表达式为

$$\begin{cases}\sigma_{n}^{j}=\sum_{m=1}^{\infty}\left(A_{nm}^{jk}\sigma_{m}^{k}+B_{nm}^{jk}\tau_{m}^{k}\right)+A_{n0}^{jk}\sigma_{y}^{\infty}+B_{n0}^{jk}\tau_{xy}^{\infty}\\[2mm]\tau_{n}^{j}=\sum_{m=1}^{\infty}\left(C_{nm}^{jk}\sigma_{m}^{k}+D_{nm}^{jk}\tau_{m}^{k}\right)+C_{n0}^{jk}\sigma_{y}^{\infty}+D_{n0}^{jk}\tau_{xy}^{\infty}\end{cases},\quad j,k=1,2;\ j\neq k\qquad(7.32)$$

在这种情况下，裂纹尖端的应力强度因子可以表述为

$$\begin{cases} K_{\mathrm{I}}^{j}(\pm l^{j}) = \sqrt{\pi l^{j}} \left(\sigma_{y}^{\infty} + \sum_{k=0}^{\infty} 2g_{k}\sigma_{2k}^{\mathrm{p}j} \pm \sum_{k=1}^{\infty} 2g_{k}\sigma_{2k-1}^{\mathrm{p}j} \right) \\ K_{\mathrm{II}}^{j}(\pm l^{j}) = \sqrt{\pi l^{j}} \left(\tau_{y}^{\infty} + \sum_{k=0}^{\infty} 2g_{k}\tau_{2k}^{\mathrm{p}j} \pm \sum_{k=1}^{\infty} 2g_{k}\tau_{2k-1}^{\mathrm{p}j} \right) \end{cases}, \quad j=1, 2 \quad (7.33)$$

当弹性体单元含 M 条裂纹时，虚拟力的表达式为[34]

$$\begin{cases} \sigma_{n}^{jk} = \sum_{\substack{k=1 \\ j\neq k}}^{M} \left[\sum_{m=1}^{\infty} \left(A_{nm}^{jk}\sigma_{m}^{k} + B_{nm}^{jk}\tau_{m}^{k} \right) + A_{n0}^{jk}\sigma_{y}^{\infty} + B_{n0}^{jk}\tau_{xy}^{\infty} \right] \\ \tau_{n}^{jk} = \sum_{\substack{k=1 \\ j\neq k}}^{M} \left[\sum_{m=1}^{\infty} \left(C_{nm}^{jk}\sigma_{m}^{k} + D_{nm}^{jk}\tau_{m}^{k} \right) + C_{n0}^{jk}\sigma_{y}^{\infty} + D_{n0}^{jk}\tau_{xy}^{\infty} \right] \end{cases} \quad (7.34)$$

图 7.9 所示的一列拉伸裂纹受远场压应力 σ_1 及 σ_2 作用，裂纹长度及裂纹间距均与图 7.5 相同。

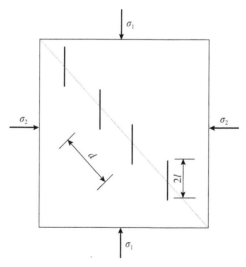

图 7.9　含多裂纹的弹性体单元受远场压应力作用

基于 7.2 节的讨论，当弹性体单元含 $2M+1$ 条裂纹时，虚拟力的 $2N$ 阶分量为[45]

$$\begin{cases} \sigma_{2n}^{p} = \sum_{m=0}^{N} \left[\left(2\sum_{k=1}^{M} A_{(2n)(2m)} \right) \sigma_{2m}^{p} + \left(2\sum_{j=1}^{M} B_{(2n)(2m)} \right) \tau_{2m}^{p} \right] + \left(2\sum_{k=1}^{M} A_{(2n)0} \right) \sigma_{2} \\ \tau_{2n}^{p} = \sum_{m=0}^{N} \left[\left(2\sum_{k=1}^{M} B_{(2n)(2m)} \right) \sigma_{2m}^{p} + \left(2\sum_{j=1}^{M} D_{(2n)(2m)} \right) \tau_{2m}^{p} \right] + \left(2\sum_{k=1}^{M} B_{(2n)0} \right) \sigma_{2} \end{cases} \quad (7.35)$$

根据式(7.15)，图 7.9 所示裂纹系列的 I 型应力强度因子为

$$K_{I}^{\text{array}} = \sqrt{\pi l} \left(\sigma_{2} + \sum_{k=1}^{\infty} 2g_{k} \sigma_{2k}^{p} \right) \quad (7.36)$$

式(7.35)的 2(N=1)阶 Taylor 展开式为

$$\begin{cases} \sigma_{0}^{p} = 2\sum_{k=1}^{M} A_{00}\sigma_{0}^{p} + 2\sum_{k=1}^{M} B_{00}\tau_{0}^{p} + 2\sum_{k=1}^{M} A_{02}\sigma_{2}^{p} + 2\sum_{k=1}^{M} B_{02}\tau_{2}^{p} + 2\sum_{k=1}^{M} A_{00}\sigma_{2} \\ \sigma_{2}^{p} = 2\sum_{k=1}^{M} A_{20}\sigma_{0}^{p} + 2\sum_{k=1}^{M} B_{20}\tau_{0}^{p} + 2\sum_{k=1}^{M} A_{22}\sigma_{2}^{p} + 2\sum_{k=1}^{M} B_{22}\tau_{2}^{p} + 2\sum_{k=1}^{M} A_{20}\sigma_{2} \\ \tau_{0}^{p} = 2\sum_{k=1}^{M} B_{00}\sigma_{0}^{p} + 2\sum_{k=1}^{M} D_{00}\tau_{0}^{p} + 2\sum_{k=1}^{M} B_{02}\sigma_{2}^{p} + 2\sum_{k=1}^{M} D_{02}\tau_{2}^{p} + 2\sum_{k=1}^{M} B_{00}\sigma_{2} \\ \tau_{2}^{p} = 2\sum_{k=1}^{M} B_{20}\sigma_{0}^{p} + 2\sum_{k=1}^{M} D_{20}\tau_{0}^{p} + 2\sum_{k=1}^{M} B_{22}\sigma_{2}^{p} + 2\sum_{k=1}^{M} D_{22}\tau_{2}^{p} + 2\sum_{k=1}^{M} B_{20}\sigma_{2} \end{cases} \quad (7.37)$$

式中，$\sum_{k=1}^{M} A_{00}$、$\sum_{k=1}^{M} A_{02}$、$\sum_{k=1}^{M} A_{20}$、$\sum_{k=1}^{M} A_{22}$、$\sum_{k=1}^{M} B_{00}$、$\sum_{k=1}^{M} B_{02}$、$\sum_{k=1}^{M} B_{20}$、$\sum_{k=1}^{M} B_{22}$、$\sum_{k=1}^{M} D_{00}$、$\sum_{k=1}^{M} D_{02}$、$\sum_{k=1}^{M} D_{20}$、$\sum_{k=1}^{M} D_{22}$ 与式(7.19)和式(7.20)相同。

忽略含有 $\left(\dfrac{l}{d} \right)^{4}$ 的高次项，则由式(7.37)可得

$$\sigma_{0}^{p} = \frac{2\sum_{k=1}^{M} A_{00}}{1 - 2\sum_{k=1}^{M} A_{00}} \quad (7.38)$$

由式(7.36)给出的 I 型应力强度因子表达式，可得图 7.8 所示的裂纹组的应力强度因子为

$$K_{\mathrm{I}}^{\mathrm{array}} = \sqrt{\pi l}(\sigma_2 + 2g_0\sigma_0^{\mathrm{p}}) = \frac{1}{1 - 2\sum_{k=1}^{M} A_{00}}\sigma_2\sqrt{\pi l} \qquad (7.39)$$

对于图 7.8 所示的裂纹构形，当不计及裂纹的相互作用时，裂纹尖端的应力强度因子为 $K_{\mathrm{I}} = \sigma_2\sqrt{\pi l}$，因此由裂纹的相互作用而引起的应力强度因子放大系数为

$$\frac{K_{\mathrm{I}}^{\mathrm{array}}}{K_{\mathrm{I}}} = \frac{1}{1 - 2\sum_{k=1}^{M} A_{00}} \qquad (7.40)$$

当 $\alpha = 0$ 时，图 7.8 的裂纹构形变成图 6.16(b)的情况，相应的应力强度因子的表达式为 $K_{\mathrm{I}}^{\mathrm{array}} = \sqrt{2w\tan\dfrac{\pi l}{2w}}$，而由裂纹的相互作用引起的应力强度因子放大系数的表达式为 $\dfrac{K_{\mathrm{I}}^{\mathrm{array}}}{K_{\mathrm{I}}} = \sqrt{\dfrac{2}{\pi}\dfrac{w}{l}\tan\dfrac{\pi l}{2w}}$。

式(7.40)中，令 $\alpha = 0$，同时由于图 6.16(b)中裂纹间距为 $2w$，而图 7.5 中裂纹间距为 d，令 $2w = d$，则由虚拟力方法得到的应力强度因子放大系数为

$$\frac{K_{\mathrm{I}}^{\mathrm{array}}}{K_{\mathrm{I}}} = \frac{1}{1 - \dfrac{\pi^2}{6}\left(\dfrac{l}{d}\right)^2} = \frac{1}{1 - \dfrac{\pi^2}{24}\left(\dfrac{l}{w}\right)^2} \qquad (7.41)$$

图 7.10 给出了当 $\alpha = 0$ 时，不同裂纹长度与裂纹间距比值下由虚拟力方法得到的应力强度因子放大系数与理论计算结果的比较。可以看出，由虚拟力方法得到的结果与理论计算结果吻合得较好。

图 7.11 给出了由虚拟力方法得到的应力强度因子放大系数与 α 的关系（α 为裂纹轴线与轴向应力夹角，见图 7.9）。可以看出，对应于不同的裂纹扩展长度，当 $\alpha \approx 30°$ 时，应力强度因子的放大系数取最大值。

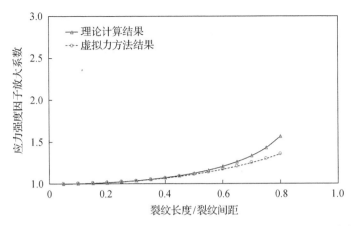

图 7.10　不同裂纹长度与裂纹间距比值下花岗岩的应力强度因子放大系数（$\alpha = 0$）

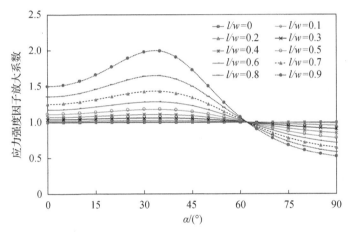

图 7.11　花岗岩的应力强度因子放大系数与 α 的关系

7.4　花岗岩在动态三轴压应力作用下的理论强度

前述结果表明，花岗岩在承受动态三轴向压应力作用时呈现剪切破坏模式，这一剪切破坏是多裂纹在外荷载作用下扩展和聚合的结果，花岗岩的这种受力状态可以用图 7.2 所示的平面模型表征。图 7.2 所示的裂纹构形可以分成图 7.5 和图 7.9 所示的两个裂纹子构形。因此，对于图 7.2 所示的裂纹组，裂纹尖端的应力强度因子为图 7.5 和图 7.9 所示的两个子构形裂纹组的应力强度因子之和，综合式(7.25)和式(7.39)有

$$K_{\mathrm{I}} = \frac{P}{\sqrt{\pi(l+l^*)}} \frac{1 - 2\sum_{k=1}^{M} A_{00} + 2\sum_{k=1}^{M} E_0 + 2\sum_{k=1}^{M} F_0 \cot\theta}{1 - 2\sum_{k=1}^{M} A_{00}} - \frac{\sigma_2\sqrt{\pi l}}{1 - 2\sum_{k=1}^{M} A_{00}} \tag{7.42}$$

同样，在图 7.5 和图 7.9 中，令裂纹间距 $d=2w$。同时，在图 7.5 中，取初始裂纹面与集中力 F 的初始夹角 θ 为 45°。另外，图 7.7 和图 7.11 的结果表明，当裂纹轴线与轴向应力夹角在 20°～30°时，裂纹组的应力强度因子达到最大值，裂纹组最容易发生扩展，同时第 4 章的试验结果也表明在动态三轴情况下花岗岩试样的破裂面与轴向应力的夹角为 20°～30°，因此这里取 $\alpha=20$°。在这种情况下，图 7.3 所示的裂纹组的应力强度因子为

$$K_{\mathrm{I}} = \frac{P}{\sqrt{\pi(l+l^*)}} \frac{1}{1 - \frac{\pi^2}{48}\left(\frac{l}{w}\right)^2 \left[4\cos(2\alpha) - 2\cos(4\alpha)\right]}$$

$$\cdot \left\{ 1 - \frac{\pi^2}{48}\left(\frac{l}{w}\right)^2 \left[4\cos(2\alpha) - 2\cos(4\alpha)\right] + \frac{\pi^2}{24}\left(\frac{l}{w}\right)^2 \left[4\cos(2\alpha) - 2\cos(4\alpha)\right] \right.$$

$$\left. + \frac{\pi^2}{24}\left(\frac{l}{w}\right)^2 \left[2\sin(4\alpha) - 2\sin(2\alpha)\right]\cot\theta \right\} - \frac{\sigma_2\sqrt{\pi l}}{1 - \frac{\pi^2}{48}\left(\frac{l}{w}\right)^2 \left[4\cos(2\alpha) - 2\cos(4\alpha)\right]}$$

$$= \frac{1}{\sqrt{\pi(l+l^*)}} \frac{1 + 0.84\left(\frac{l}{w}\right)^2}{1 - 0.56\left(\frac{l}{w}\right)^2} P - \frac{\sigma_2\sqrt{\pi l}}{1 - 0.56\left(\frac{l}{w}\right)^2}$$

$$\tag{7.43}$$

式中，$P = F\sin\theta = 0.707F$；$F = 2c\tau^*$，τ^* 为作用在单一裂纹面上的剪切力，根据 Nemat-Nasser 和 Horii[50]的推导（式(6.14)）可知

$$\tau^* = \frac{1}{2}(\sigma_1 - \sigma_2)\sin(2\theta) - \frac{1}{2}\mu[\sigma_1 + \sigma_2 - (\sigma_1 - \sigma_2)\cos(2\theta)]$$

同样，裂纹的动态扩展准则为

$$K_{\text{Id}} = \frac{v_{\text{r}} - v}{v_{\text{r}} - 0.75v} \frac{P}{\sqrt{\pi(l + l^*)}} \frac{1 + 0.84\left(\dfrac{l}{w}\right)^2}{1 - 0.56\left(\dfrac{l}{w}\right)^2} - \frac{v_{\text{r}} - v}{v_{\text{r}} - 0.5v} \frac{\sigma_2\sqrt{\pi l}}{1 - 0.56\left(\dfrac{l}{w}\right)^2} = K_{\text{Ic}}^{\text{d}} \quad (7.44)$$

式中，K_{Id} 为裂纹组动态应力强度因子；K_{Ic}^{d} 为花岗岩的动态断裂韧度；v、v_{r} 为裂纹扩展速率及花岗岩的瑞利波波速。

当应变速率在 $10^{-4} \sim 10^0 \text{s}^{-1}$ 时，裂纹扩展速率的影响很小，可以忽略，在这种情况下，式(7.44)可简化为

$$K_{\text{Id}} = \frac{P}{\sqrt{\pi(l + l^*)}} \frac{1 + 0.84\left(\dfrac{l}{w}\right)^2}{1 - 0.56\left(\dfrac{l}{w}\right)^2} - \frac{\sigma_2\sqrt{\pi l}}{1 - 0.56\left(\dfrac{l}{w}\right)^2} = K_{\text{Ic}}^{\text{d}} \quad (7.45)$$

第 4 章花岗岩动态三轴压缩试验结果表明，同一围压下，花岗岩的破坏应变基本上保持不变，但随着围压的增加而明显增加（见图 4.11）。对应于 20MPa、50MPa、80MPa、110MPa、140MPa 和 170MPa 的围压，花岗岩的破坏应变分别为 5000με、8000με、10000με、12000με、14000με、16000με。这样，与第 6 章相同，假定在不同的围压下，裂纹扩展的初始时间为轴向荷载加载时间的 40%，可以得到不同围压和不同应变速率下花岗岩的动态断裂韧度值，如表 7.1 所示。动态断裂韧度可由应力强度因子(SIF)加载时间代入式(1.4)得出。

Deng 和 Nemat-Nasser[45]对图 7.2 所示的裂纹组在双轴压应力作用下拉伸裂纹扩展形态的研究表明，滑移型裂纹的拉伸裂纹部分在扩展到一定长度时相向弯曲，形成裂纹聚合，如图 7.12 所示。以此为基础，这里提出如图 7.13 所示的破坏形态。图中，当滑移型裂纹的拉伸部分裂纹长度达到有效裂纹间距 $2w'$ 时，即 $2l = 2w'$，裂纹开始聚合，并取此时的轴向应力为花岗岩的强度值。根据几何关系，有 $2w' = 2w\cos\alpha$。

至此，与第 6 章的推导方法类似，由式(7.45)所示的裂纹扩展条件得到不同围压(侧向压力)和不同应变速率下花岗岩的理论强度值。实际计算中，初始裂纹长度($2c$)、裂纹间距($2w$)和裂纹面摩擦系数(μ)与第 6 章取值相同，分别取为 1.5mm、4.5mm 和 0.3。

表 7.1 不同围压和应变速率下对应的花岗岩动态断裂韧度值

围压 /MPa	破坏应变 /με	应变速率 /s⁻¹	轴向荷载加载时间 /ms	SIF 加载时间 /ms	动态断裂韧度 /(MPa·m^{1/2})
20	5000	10^{-4}	5×10^4	2.0×10^4	1.211
		10^{-3}	5×10^3	2.0×10^3	1.329
		10^{-2}	5×10^2	2.0×10^2	1.447
		10^{-1}	5×10^1	2.0×10^1	1.565
		10^{0}	5×10^0	2.0×10^0	1.683
50	8000	10^{-4}	8×10^4	3.2×10^4	1.187
		10^{-3}	8×10^3	3.2×10^3	1.305
		10^{-2}	8×10^2	3.2×10^2	1.423
		10^{-1}	8×10^1	3.2×10^1	1.541
		10^{0}	8×10^1	3.2×10^1	1.659
80	10000	10^{-4}	1×10^5	4.0×10^4	1.176
		10^{-3}	1×10^4	4.0×10^3	1.294
		10^{-2}	1×10^3	4.0×10^2	1.412
		10^{-1}	1×10^2	4.0×10^1	1.530
		10^{0}	1×10^1	4.0×10^0	1.648
110	12000	10^{-4}	1.2×10^5	4.8×10^4	1.167
		10^{-3}	1.2×10^4	4.8×10^3	1.285
		10^{-2}	1.2×10^3	4.8×10^2	1.403
		10^{-1}	1.2×10^2	4.8×10^1	1.521
		10^{0}	1.2×10^1	4.8×10^0	1.639
140	14000	10^{-4}	1.4×10^5	5.2×10^4	1.163
		10^{-3}	1.4×10^4	5.2×10^3	1.281
		10^{-2}	1.4×10^3	5.2×10^2	1.399
		10^{-1}	1.4×10^2	5.2×10^1	1.517
		10^{0}	1.4×10^1	5.2×10^0	1.635
170	16000	10^{-4}	1.6×10^5	6.4×10^4	1.152
		10^{-3}	1.6×10^4	6.4×10^3	1.270
		10^{-2}	1.6×10^3	6.4×10^2	1.388
		10^{-1}	1.6×10^2	6.4×10^1	1.506
		10^{0}	1.6×10^1	6.4×10^0	1.624

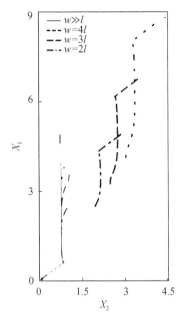

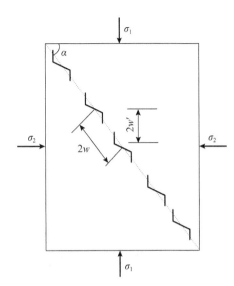

图 7.12 滑移型裂纹组的聚合[45]　　图 7.13 双轴压应力作用下拉伸裂纹的扩展形态

图 7.14 为由滑移型裂纹模型得到的不同围压下花岗岩的抗压强度与应变速率的关系及与试验结果的比较。图 7.14 中，归一化应变速率为实际应变速率与最小应变速率之比的对数值，而归一化强度为实际强度值除以最小应变速率对应的强度值。结果表明，在不同的围压(侧压)下，花岗岩的理论抗压强度随应变速率的增加有小幅度增加的趋势，除了围压为 20MPa 情况外，理论结果与试验结果吻合得较好。随着围压的增加，花岗岩的抗压强度随应变速率的增加幅度有较明显的减小趋势，如图 7.15 所示，与试验结果相同(见图 4.2)。

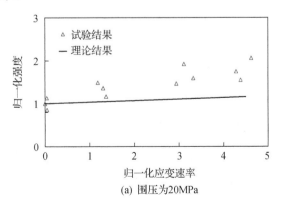

(a) 围压为20MPa

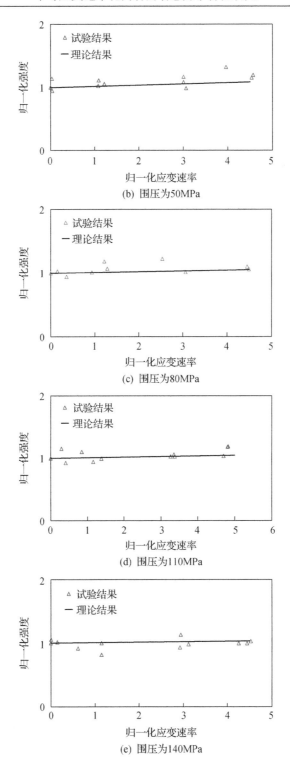

(b) 围压为50MPa

(c) 围压为80MPa

(d) 围压为110MPa

(e) 围压为140MPa

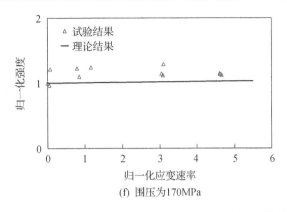

(f) 围压为170MPa

图 7.14　不同围压下花岗岩的抗压强度与应变速率的关系

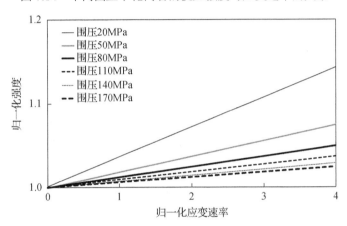

图 7.15　不同围压下花岗岩的抗压强度随应变速率的增加幅度变化规律(模型分析)

图 7.16 给出了由滑移型裂纹模型得到的不同应变速率下花岗岩的抗压强度与围压的关系。可以看出，①抗压强度值随围压的增加明显增加；②当围压小于等于 80MPa 时，理论结果与试验结果吻合得比较好，当围压达到 110MPa 以上时，理论结果大于试验结果。

图7.17～图7.20给出了由滑移型裂纹模型不同初始裂纹长度和裂纹间距下得到的花岗岩的理论抗压强度与应变速率及围压的关系。可以看出，不同的围压和应变速率下，与单轴情况下相似，花岗岩的抗压强度随初始裂纹长度的增加及裂纹间距的减小而减小。在不同的初始裂纹长度下，花岗岩的模型强度随应变速率及围压的增加而增加的幅度基本相同。在不同的裂纹间距下，花岗岩的抗压强度随应变速率的增加而增加的幅度基本相同，而随围压的增加幅度随裂纹间距的增加有较明显的增加趋势。

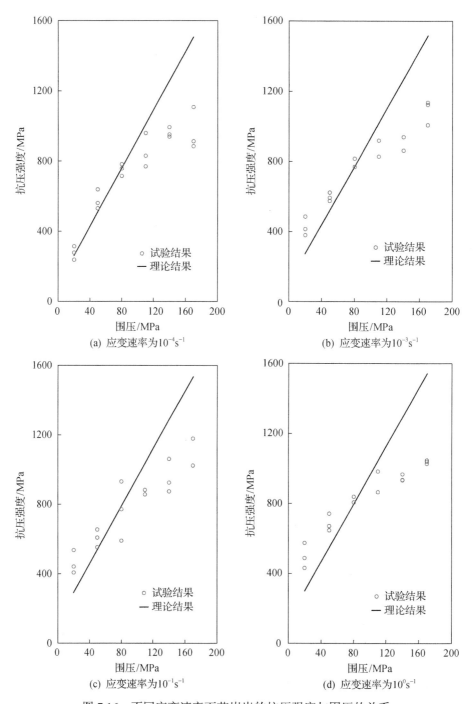

图 7.16　不同应变速率下花岗岩的抗压强度与围压的关系

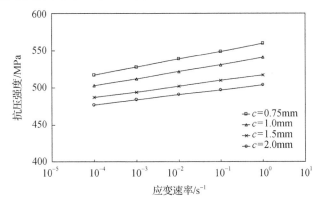

图 7.17　不同初始裂纹长度下花岗岩的理论抗压强度与应变速率的关系
（围压 50MPa, $w/c=4$, $\theta=45°$, $\mu=0.3$）

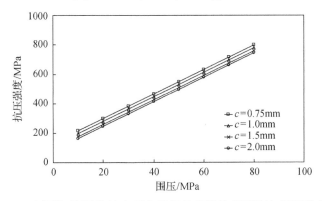

图 7.18　不同初始裂纹长度下花岗岩的理论抗压强度与围压的关系
（应变速率 10^{-1}s^{-1}, $w/c=4$, $\theta=45°$, $\mu=0.3$）

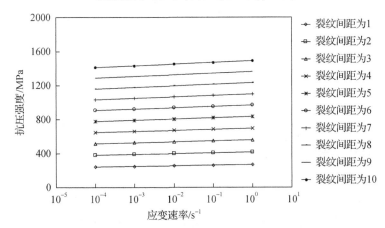

图 7.19　不同裂纹间距下花岗岩的理论抗压强度与应变速率的关系
（围压 50MPa，$c=0.75\text{mm}$，$\theta=45°$，$\mu=0.3$）
注：图中裂纹间距为实际裂纹间距除以初始裂纹长度

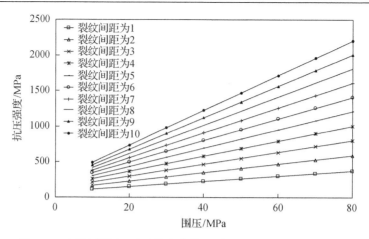

图 7.20　不同裂纹间距下花岗岩的理论抗压强度与围压的关系
（应变速率 $10^{-1}s^{-1}$，$c=0.75mm$，$\theta=45°$，$\mu=0.3$）
注：图中裂纹间距为实际裂纹间距除以初始裂纹长度

7.5　花岗岩在高围压情况下的理论强度

图 7.16 表明，当围压达到 110 MPa 以上时，模型得到的强度大于试验结果，这一结论与 Okui 等[72, 73]的研究结果基本相同。他们把这种现象归因于 Ⅱ 型应力强度因子对花岗岩强度的影响。Lockner 和 Madden[74, 75]利用数值模拟的方法，综合考虑了裂纹扩展过程中的 Ⅰ 型和 Ⅱ 型应力强度因子的影响。研究结果表明，在高围压情况下，模型得到的强度也与试验结果吻合得比较好。

Horii 和 Nemat-Nasser[34]提出图 7.21 所示的模型研究了岩石类脆性材料随着围压的增加从脆性破坏过渡到塑性破坏模式的变化规律。图中，PR 和 $P'R'$ 为裂纹沿初始裂纹方向产生的塑性滑移（l_p）。滑移面上的应力边界条件为

$$\tau_f = \tau_Y \tag{7.46}$$

式中，τ_f 为作用在初始裂纹面上的剪切应力；τ_Y 为材料的剪切强度。

他们认为，当初始裂纹面上的剪切应力达到材料的剪切强度时，裂纹面产生塑性滑移。根据式(7.46)所表述的边界条件及二维 Muskhelishvili 应力函数[71]，他们得出了图 7.21 所示裂纹的 Ⅰ 型和 Ⅱ 型应力强度因子表达式。另外，假定裂纹塑性滑移区边界点 R、R' 上的 Ⅱ 型应力强度因子为零，得到不同围压下拉伸裂纹扩展长度（l_t）及相应的裂纹塑性滑移长度（l_p）。结果表明，在低

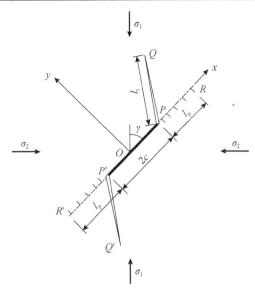

图 7.21　考虑塑性的滑移型裂纹模型[34]

围压情况下，相对于拉伸裂纹的扩展长度，裂纹的塑性滑移长度很小，其对拉伸裂纹扩展及材料破坏的影响很小。随着围压的增加，裂纹的塑性滑移长度增加，其对拉伸裂纹扩展及材料破坏强度的影响不能忽略，在这种情况下，图 7.21 成为一个复杂的弹塑性裂纹问题。

这里应用 Horii 和 Nemat-Nasser[34]提出的塑性滑移型裂纹模型和 D-M 模型对上述问题进行简要的分析。

Dugdale[76]和 Muskhelishvili[71]在研究椭圆形裂纹承受单向拉伸应力作用的弹塑性裂纹问题时提出 D-M 模型，如图 7.22 所示。图中，裂纹的初始长度为 $2a$，R 为裂纹的塑性区长度。D-M 模型把裂纹长度由原来的 $2a$ 扩展到 $2a+2R$，认为在距离裂纹中心点 $2a+2R$ 以外，材料仍然处于弹性状态。这样，D-M 模型就把具有 $2a$ 长度的弹塑性裂纹问题转化为 $2a+2R$ 长度的弹性问题。

借助于 D-M 模型，可以定性讨论高围压情况下由滑移型裂纹模型得到的强度特性。由 Horii 和 Nemat-Nasser[34]对高围压情况下裂纹塑性滑移的研究可知，随着围压的增加，裂纹的塑性滑移长度也增加，在高围压情况下，裂纹的塑性滑移长度对脆性材料破坏的影响不能忽略。借用 D-M 模型，可以把图 7.21 中高围压情况下的复杂弹塑性问题转化成初始裂纹长度为 $2c+2l_p$ 的弹性问题。在这种情况下，仍然可以应用 7.4 节的方法计算高围压下花岗岩的抗压强度值。图 7.23 给出了围压为 110MPa、140MPa、170MPa 时，不

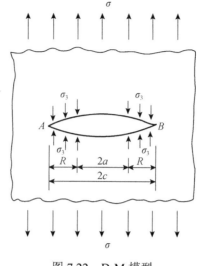

图 7.22　D-M 模型

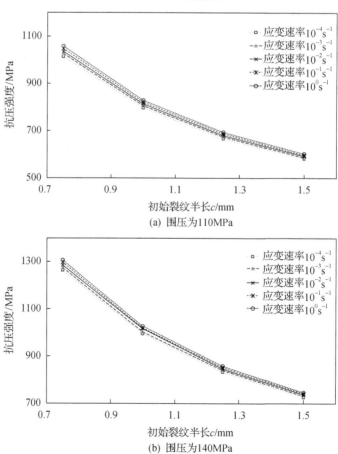

(a) 围压为110MPa

(b) 围压为140MPa

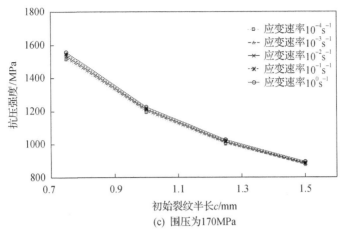

图 7.23　不同应变速率下花岗岩的模型抗压强度与初始裂纹长度的关系
（ $w = 3.0\text{mm}$, $\mu = 0.3$, $\theta = 45°$ ）

同应变速率下花岗岩的模型抗压强度与初始裂纹长度的关系。可见，随着初始裂纹长度的增加，花岗岩的抗压强度明显减小。因此，如果考虑高围压情况下塑性区的影响，对初始裂纹长度进行修正（初始裂纹长度从 $2c$ 增加到 $2c+2l_p$），得到的模型抗压强度值将会小于 7.4 节得到的抗压强度值，更接近于试验结果。

7.6　花岗岩在动态三轴压应力作用下的本构模型

采用图 7.2 所示的含裂纹平面单元模拟花岗岩在三轴动荷载作用下的本构模型。与第 6 章类似，在动态三轴情况下，由初始裂纹滑移及拉伸裂纹扩展引起的非线性应变采用 Ravichandran 和 Subhash[46]提出的能量平衡原理确定。

由拉伸裂纹扩展消耗的能量为

$$U_e = 2\int_0^l \frac{(k+1)(\nu+1)}{4E} K_I^2 \, dl$$

$$= 2\int_0^l \frac{(k+1)(\nu+1)}{4E} \left[\frac{1}{\sqrt{\pi(l+l^*)}} \frac{1+0.84\left(\dfrac{l}{w}\right)^2}{1-0.56\left(\dfrac{l}{w}\right)^2} P - \frac{\sigma_2\sqrt{\pi l}}{1-0.56\left(\dfrac{l}{w}\right)^2} \right]^2 dl$$

$$
= \frac{2(k+1)(\nu+1)}{4E} \underbrace{\left\{ \frac{P^2}{\pi} \int_0^l \frac{1}{l+l^*} \left[\frac{1+0.84\left(\dfrac{l}{w}\right)^2}{1-0.56\left(\dfrac{l}{w}\right)^2} \right]^2 \mathrm{d}l \right.}_{A}
$$

$$
\left. \underbrace{-2\sigma_2 P \int_0^l \frac{\sqrt{\pi l}}{\sqrt{\pi(l+l^*)}} \frac{1+0.84\left(\dfrac{l}{w}\right)^2}{\left[1-0.56\left(\dfrac{l}{w}\right)^2\right]^2} \mathrm{d}l}_{B} + \underbrace{\sigma_2^2 \int_0^l \frac{\pi l}{\left[1-0.56\left(\dfrac{l}{w}\right)^2\right]^2} \mathrm{d}l}_{C} \right\}
$$

$$(7.47)$$

式 (7.47) 的积分分成 A、B、C 三部分，为了方便积分，在 A、B 两部分中先令 $l+l^*=l$，求出积分后再用 $l+l^*$ 代回。

A 部分的积分为

$$
\frac{2(k+1)(\nu+1)}{4E} \frac{P^2}{\pi} \int_0^l \frac{1}{l} \left[\frac{1+0.84\left(\dfrac{l}{w}\right)^2}{1-0.56\left(\dfrac{l}{w}\right)^2} \right]^2 \mathrm{d}l
$$

$$
= \frac{2(k+1)(\nu+1)}{4E} \frac{P^2}{\pi} \left\{ \frac{6.25}{1-\dfrac{1}{1-0.56\left(\dfrac{l}{w}\right)^2}} + 2.25\ln\left[1-0.56\left(\dfrac{l}{w}\right)^2\right] \right.
$$

$$
\left. -\ln\frac{1-0.56\left(\dfrac{l+l^*}{w}\right)^2}{\left(\dfrac{l+l^*}{w}\right)^2} - 6.25 + \ln\frac{1-0.56\left(\dfrac{l^*}{w}\right)^2}{\left(\dfrac{l^*}{w}\right)^2} \right\}
$$

$$(7.48)$$

B 部分的积分为

$$\frac{4(k+1)(\nu+1)}{4E}\sigma_2 P \int_0^l \frac{\sqrt{\pi l}}{\sqrt{\pi(l+l^*)}} \frac{1+0.84\left(\dfrac{l}{w}\right)^2}{\left[1-0.56\left(\dfrac{l}{w}\right)^2\right]^2} \mathrm{d}l$$

$$=\frac{4(k+1)(\nu+1)}{4E}w\sigma_2 P\left[\frac{1.25\dfrac{l}{w}}{1-0.56\left(\dfrac{l}{w}\right)^2}-0.263\ln\frac{1.748}{1-0.748\dfrac{l}{w}}+0.147\right]$$

$$(7.49)$$

C 部分的积分为

$$\frac{2(k+1)(\nu+1)}{4E}\sigma_2^2 \int_0^l \frac{\pi l}{\left[1-0.56\left(\dfrac{l}{w}\right)^2\right]^2}\mathrm{d}l=\frac{2(k+1)(\nu+1)}{4E}\frac{\sigma_2^2 \pi w^2}{1.12}\left[\frac{1}{1-0.56\left(\dfrac{l}{w}\right)^2}-1\right]$$

$$(7.50)$$

综合式 (7.48) ～式 (7.50)，且有 $P=2c\tau^*\sin\theta$（见式 (7.43)），在平面应力条件下，有

$$\dot{U}_e = 2\int_0^l \frac{(k+1)(\nu+1)}{4E}K_{\mathrm{I}}^2\mathrm{d}l=\tau^{*2}A_1-\sigma_2\tau^* D_1+\sigma_2 B_1 \tag{7.51}$$

式中，

$$A_1=\frac{8}{E}\frac{c^2\sin^2\theta}{\pi}\left\{\frac{6.25}{1-\dfrac{1}{1-0.56\left(\dfrac{l}{w}\right)^2}}+2.25\ln\left[1-0.56\left(\dfrac{l}{w}\right)^2\right]\right.$$

$$\left.-\ln\frac{1-0.56\left(\dfrac{l+l^*}{w}\right)^2}{\left(\dfrac{l+l^*}{w}\right)^2}-6.25+\ln\frac{1-0.56\left(\dfrac{l^*}{w}\right)^2}{\left(\dfrac{l^*}{w}\right)^2}\right\}$$

$$(7.52a)$$

$$D_1 = \frac{8wc\sin\theta}{E}\left[\frac{1.25\dfrac{l}{w}}{1-0.56\left(\dfrac{l}{w}\right)^2} - 0.263\ln\frac{1.748}{1-0.748\dfrac{l}{w}} + 0.147\right] \quad (7.52b)$$

$$B_1 = \frac{1.786\pi w^2}{E}\left[\frac{1}{1-0.56\left(\dfrac{l}{w}\right)^2} - 1\right] \quad (7.52c)$$

式(7.51)进一步写成

$$U_e = A_1\left(B_2\sigma_1^2 + B_3\sigma_2^2 + B_4\sigma_1\sigma_2\right) - D_1\left(D_2\sigma_1\sigma_2 - D_3\sigma_2^2\right) + 2\sigma_2^2 B_1 \quad (7.53)$$

由初始裂纹滑移消耗的能量为

$$W_f = 2c\tau_f\delta = \frac{4c\tau_f}{E\sin\theta}\left[\frac{2c\tau^*\sin\theta}{\sqrt{\pi(l+l^*)}}\frac{1+0.84\left(\dfrac{l}{w}\right)^2}{1-0.56\left(\dfrac{l}{w}\right)^2} - \frac{\sigma_2\sqrt{\pi l}}{1-0.56\left(\dfrac{l}{w}\right)^2} + \sigma_2\sqrt{\frac{\pi l}{2}}\right]\sqrt{2\pi(l+l_{**})}$$

$$(7.54)$$

可进一步写成

$$W_f = M_1\left(D_6\sigma_1^2 - D_7\sigma_2^2 + D_8\sigma_1\sigma_2\right) - M_2\left(D_4\sigma_1\sigma_2 + D_5\sigma_2^2\right) \quad (7.55)$$

式中，

$$M_1 = \frac{8c^2}{E\sqrt{\pi(l+l^*)}}\frac{1+0.84\left(\dfrac{l}{w}\right)^2}{1-0.56\left(\dfrac{l}{w}\right)^2}\sqrt{2\pi(l+l_{**})}$$

$$M_2 = \frac{4c}{E\sin\theta\sqrt{\pi(l+l^*)}}\left[\frac{\sqrt{\pi l}}{1-0.56\left(\dfrac{l}{w}\right)^2} - \sqrt{\frac{\pi l}{2}}\right]\sqrt{2\pi(l+l_{**})}$$

同样，由裂纹发展引起的非线性应变为

$$\boldsymbol{\varepsilon}^{d} = \begin{bmatrix} \varepsilon_1^{d} \\ \varepsilon_2^{d} \end{bmatrix} = \begin{bmatrix} S_{11} & S_{12} \\ S_{21} & S_{22} \end{bmatrix} \begin{bmatrix} \sigma_1 \\ \sigma_2 \end{bmatrix} = \begin{bmatrix} S_{11}\sigma_1 + S_{12}\sigma_2 \\ S_{21}\sigma_1 + S_{22}\sigma_2 \end{bmatrix} \tag{7.56}$$

而外荷载做的功为

$$W_1 = 4bh(S_{11}\sigma_1^2 + 2S_{12}\sigma_1\sigma_2 + S_{22}\sigma_2^2) \tag{7.57}$$

根据能量平衡原理，有

$$\begin{aligned} 2A_1(B_2\sigma_1^2 + B_3\sigma_2^2 + B_4\sigma_1\sigma_2) - 2B_1\sigma_2^2 - 2D_1(D_2\sigma_1\sigma_2 - D_3\sigma_2^2) \\ + M_1(D_6\sigma_1^2 - D_7\sigma_2^2 + D_8\sigma_1\sigma_2) - M_2(D_4\sigma_1\sigma_2 + D_5\sigma_2^2) \\ = 4bh(S_{11}\sigma_1^2 + 2S_{12}\sigma_1\sigma_2 + S_{22}\sigma_2^2) \end{aligned} \tag{7.58}$$

则 S_{11}、S_{12} 和 S_{22} 为

$$\begin{cases} S_{11} = \dfrac{2A_1B_2 + M_1D_6}{4hb} \\[2mm] S_{22} = \dfrac{2A_1B_3 - 2B_1 + 2D_1D_3 - M_1D_7 - M_2D_5}{4hb} \\[2mm] S_{12} = \dfrac{2A_1B_4 - 2D_1D_2 + M_1D_8 - M_2D_4}{8hb} \end{cases} \tag{7.59}$$

在不考虑裂纹相互作用对由裂纹扩展造成的非线性应变影响时，含 N 条裂纹的岩石单元总的非线性应变为 $N\boldsymbol{\varepsilon}^{d}$，而岩石单元总的应变为

$$\begin{bmatrix} \varepsilon_1 \\ \varepsilon_2 \end{bmatrix} = \begin{bmatrix} \varepsilon_1^{e} \\ \varepsilon_2^{e} \end{bmatrix} + \begin{bmatrix} \varepsilon_1^{d} \\ \varepsilon_2^{d} \end{bmatrix} = \frac{1}{E} \begin{bmatrix} 1 & -v \\ -v & 1 \end{bmatrix} \begin{bmatrix} \sigma_1 \\ \sigma_2 \end{bmatrix} + N \begin{bmatrix} S_{11} & S_{12} \\ S_{21} & S_{22} \end{bmatrix} \begin{bmatrix} \sigma_1 \\ \sigma_2 \end{bmatrix} \tag{7.60}$$

式中，ε_1^{e} 和 ε_2^{e} 为不含裂纹体的岩石单元在动荷载作用下的弹性应变。

体积应变为

$$\varepsilon_V = \varepsilon_1 + \varepsilon_2 + \varepsilon_3$$

式中，$\varepsilon_3 = \varepsilon_2$。

　　由 6.7 节可以得到不同应变速率和不同围压下基于滑移型裂纹模型的岩石的应力-应变关系。裂纹的扩展准则见式(7.44)，在式(7.44)未满足之前，岩石处于完全线弹性状态，此时单元体的应变由式(6.35)确定。在外荷载作用下，当式(7.44)满足时，拉伸裂纹将产生扩展。此时，拉伸裂纹扩展和初始裂纹滑移造成的非线性应变及单元体总的应变由式(7.59)和式(7.60)确定。

　　与 7.4 节相同，裂纹的初始长度取为 1.5mm，相邻裂纹间距为裂纹初始长度的 3 倍，裂纹的密度为 0.25，花岗岩的弹性模量及泊松比分别为 65GPa和 0.25。

　　模型结果表明，不同应变速率下花岗岩的应力-应变曲线基本上相同，随着应变速率的增加，花岗岩破坏时轴向应变和侧向应变有小幅度的增加，轴向应力-应变关系呈现过应力的特征。图 7.24 给出了围压为 50MPa 时，不同应变速率下花岗岩的应力-应变曲线，与图 4.9 所示的试验结果吻合得比较好。

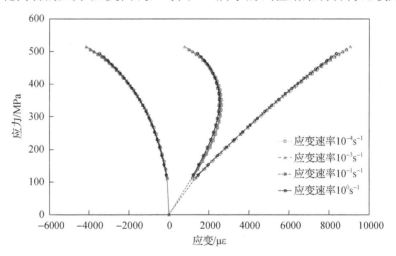

图 7.24　理论计算得到的不同应变速率下花岗岩的应力-应变曲线(围压 50MPa)

　　模型结果还表明，当应变速率为 $10^{-4} \sim 10^{0} \mathrm{s}^{-1}$ 时，随着围压的增加，花岗岩的轴向破坏应变有明显的增加，侧向应变的增加幅度小于轴向应变。随着围压的增加，剪胀现象有较明显的减小。图 7.25 给出了应变速率为 $10^{-1} \mathrm{s}^{-1}$时由滑移型裂纹模型得到的不同围压下花岗岩的应力-应变曲线。可以看出，模型结果与图 4.10 所示的试验结果也吻合得比较好。

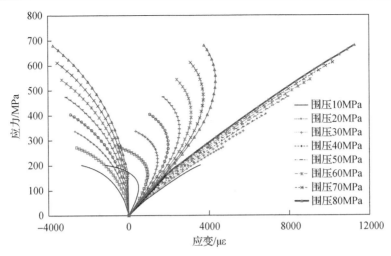

图 7.25　理论计算得到的不同围压下花岗岩的应力-应变曲线(应变速率 10^{-4}s^{-1})

图 7.26 给出了不同应变速率和围压下花岗岩的裂纹扩展引起的非线性应变与总应变的比值与轴向应力的关系。可以看出，裂纹扩展引起的非线性应变随着轴向应力的增加而增加。在轴向应力达到最大值(强度值)时，对于轴向应变，裂纹扩展引起的非线性应变占总应变的15%；而对于侧向应变，裂纹扩展引起的非线性应变占总应变的70%左右。与单轴情况相同，裂纹扩展引起的非线性体积应变对体积应变总值的贡献用非线性体积应变与线性体积应变的比值表示，当轴向应力达到最大值时，非线性体积应变与线性体积应变的比值达到 2 左右。因此，花岗岩的裂纹扩展引起的非线性应变对侧向应变和体积应变的影响比轴向应变大，这与单轴情况下基本相同。

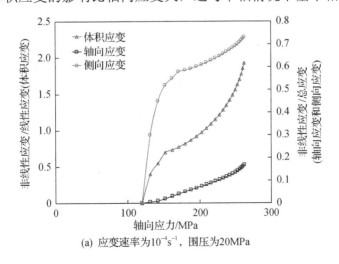

(a) 应变速率为 10^{-4}s^{-1}，围压为20MPa

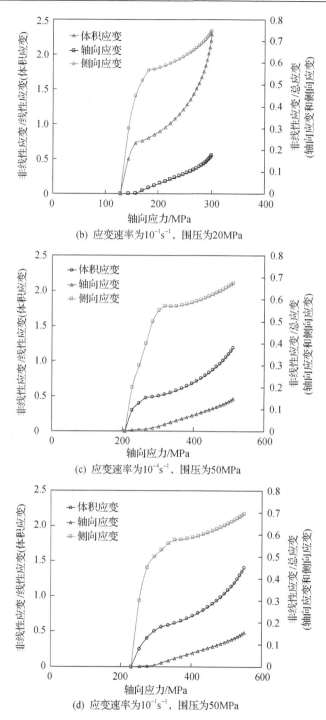

(b) 应变速率为$10^{-1}s^{-1}$，围压为20MPa

(c) 应变速率为$10^{-4}s^{-1}$，围压为50MPa

(d) 应变速率为$10^{-1}s^{-1}$，围压为50MPa

图7.26　不同应变速率和围压下花岗岩的裂纹扩展引起的非线性应变与总应变
比值与轴向应力的关系

图 7.27 给出了花岗岩发生破坏时裂纹扩展引起的非线性应变与总应变的

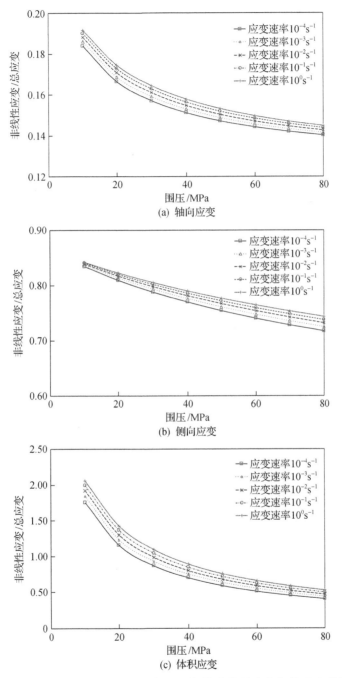

(a) 轴向应变

(b) 侧向应变

(c) 体积应变

图 7.27　花岗岩发生破坏时裂纹扩展引起的非线性应变与总应变的比值
与应变速率和围压的关系

比值与应变速率和围压的关系。可以看出，随着应变速率的增加，非线性应变占总应变的比例有小幅度的增加趋势；而随着围压的增加，非线性应变在总应变中所占的比例明显减小，说明花岗岩破坏时的损伤随围压的增加和应变速率的减小而减小。由前述的裂纹模型可知，花岗岩的非线性应变主要由初始裂纹的滑移及拉伸裂纹的扩展引起，由于侧向应力的作用，限制了初始裂纹的滑移及拉伸裂纹的扩展，从而导致非线性应变的比例减小。

　　图 7.28 给出了不同应变速率和围压下花岗岩的初始裂纹滑移引起的非线性应变与拉伸裂纹扩展引起的非线性应变的比值与轴向应力的关系。可以看出，与单轴情况下相似，花岗岩的初始裂纹滑移引起的轴向非线性应变与拉伸裂纹扩展引起的轴向非线性应变的比值随着轴向应力的增加而减小，在围压为 20MPa 和 50MPa 的情况下，当轴向应力达到最大值时，两者的比值趋近于 0.5，随着应变速率和围压的增加，这一比值有小幅度的减小趋势。

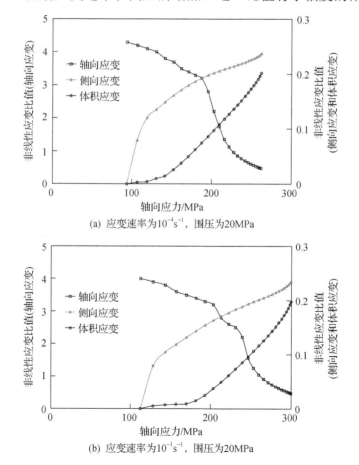

(a) 应变速率为 $10^{-4}\mathrm{s}^{-1}$，围压为 20MPa

(b) 应变速率为 $10^{-1}\mathrm{s}^{-1}$，围压为 20MPa

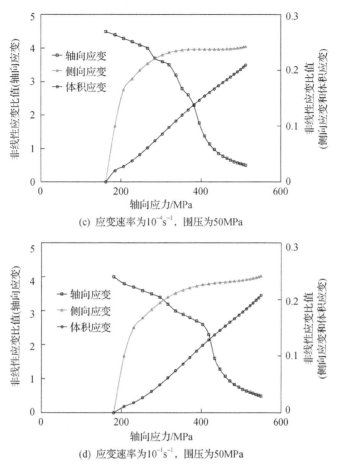

(c) 应变速率为$10^{-4}s^{-1}$，围压为50MPa

(d) 应变速率为$10^{-1}s^{-1}$，围压为50MPa

图 7.28　不同应变速率和围压下花岗岩的初始裂纹滑移引起的非线性应变与拉伸裂纹
扩展引起的非线性应变的比值与轴向应力的关系

对于侧向应变和体积应变，花岗岩的初始裂纹滑移引起的非线性应变与拉伸
裂纹扩展引起的非线性应变的比值随着轴向应力的增加而增加，当轴向应力
达到最大值时，两者的比值约为 0.2，随着应变速率和围压的增加，这一比
值有小幅度的减小趋势。

图 7.29 为不同应变速率和围压下花岗岩的损伤量与轴向应力的关系。可
以看出，在不同的应变速率和围压作用下，损伤演化曲线基本相似。损伤起
始应力基本上为破坏应力的40%。不同应变速率和围压下，花岗岩破坏时对
应的损伤量为 0.2～0.3。随着应变速率的增加，花岗岩破坏时对应的损伤量
有小幅度的增加趋势，而随着围压的增加，花岗岩破坏时对应的损伤量有较
明显的减小趋势，如图 7.30 所示，这与图 7.27 的结果相一致。因此，根据

滑移型裂纹模型，花岗岩的非线性应变主要由初始裂纹的滑移和拉伸裂纹的扩展引起，而损伤的产生是非线性应变发展的直接结果。

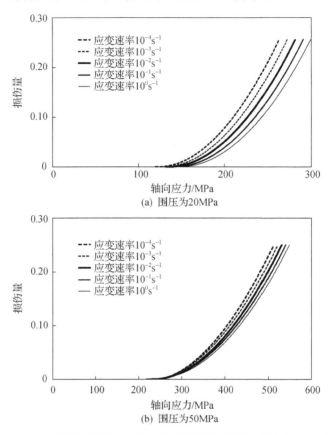

图 7.29　不同应变速率和围压下花岗岩的损伤量与轴向应力的关系

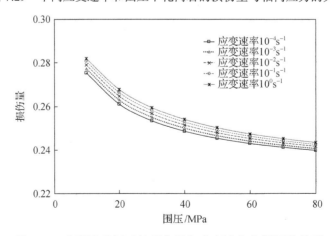

图 7.30　花岗岩破坏时的损伤量与应变速率和围压的关系

第8章 动态单轴拉应力作用下的模型研究

对于岩石在拉伸荷载作用下内部裂纹的变化与岩石的宏观力学行为之间的关系，国内外的研究主要有：Ju 和 Lee[38, 39]运用自适应的方法及损伤力学提出了受微裂纹控制弹脆性材料的三维微观各向异性损伤模型；Feng 等[23,24,77]利用裂纹区域扩展模型(domain of microcrack growth，DMG)建立了静荷载作用下岩石等脆性材料内部的裂纹扩展模式，导出了岩石等材料在拉伸荷载作用下的本构方程等。

本章在试验结果及已有理论研究的基础上，将基于 Taylor 方法的裂纹区域扩展模式应用到币状裂纹模型中，建立花岗岩在动态直接拉应力作用下的裂纹扩展准则及本构方程，分析花岗岩的动态拉伸强度与应变速率和侧向压力间的关系，研究应变速率和侧向压力与由材料破坏的非线性应变的关系，揭示侧向压力与材料抗拉强度的关系。

8.1 币状裂纹模型

8.1.1 代表性体积单元

岩石中往往弥散分布着大量的微裂纹。微裂纹的形成、扩展和连接会对材料的刚度、强度等多方面的物理性质产生明显的影响，并导致材料逐渐恶化直至最终断裂破坏。因此，研究岩石类材料在外荷载作用下的力学特性行为必须从其内部微裂纹在外荷载作用下的行为研究出发。

首先假设研究材料中分布着大量的微裂纹，材料在宏观上是统计均匀的，也就意味着材料在细观上的统计规律(裂纹的发育密度、裂纹的取向等)和宏观性质具有位置无关性。为了能够清楚地研究材料的本构关系，根据细观力学的研究方法，定义代表性的体积单元(representative volume element，RVE)，由此可以在 RVE 内进行微缺陷引起场的变化的计算，并进行体积平均化计算。RVE 的尺寸须满足以下两方面的要求：①从细观角度分析，RVE 应该足够大，包含足够的材料细观结构元素(微缺陷、微裂纹等)，从而在 RVE 内部是统计均匀的，可以代表材料的统计平均性质；②从宏观角度分析，RVE

又要足够小，可以看作材料的一个质点，这样体积单元上的宏观应力、应变可视为是均匀的，RVE 是反映材料统计平均性质的最小单位。

假设只有小应变和小转动发生，这一点对于脆性和准脆性材料是合适的，并假设基体材料是线弹性的。RVE 的平均应变 $\bar{\varepsilon}_{ij}$ 包含两部分，即

$$\bar{\varepsilon}_{ij} = \bar{\varepsilon}_{ij}^{e} + \bar{\varepsilon}_{ij}^{c} \tag{8.1}$$

式中，$\bar{\varepsilon}_{ij}^{e}$ 为基体变形引起的弹性应变；$\bar{\varepsilon}_{ij}^{c}$ 为所有微裂纹变形引起的应变增量。下面将分别求解这两个变量。

1. 基体变形引起的弹性应变

基体变形引起的弹性应变 $\bar{\varepsilon}_{ij}^{e}$ 可以通过对基体的平均应变积分得到，即

$$\bar{\varepsilon}_{ij}^{e} = \frac{1}{V} \int_{V_m} \varepsilon_{ij}^* \, \mathrm{d}V = \frac{1}{V} \int_{V_m} S_{ijkl}^m \sigma_{ij}^* \, \mathrm{d}V = S_{ijkl}^m \, \bar{\sigma}_{kl} \tag{8.2}$$

式中，V 为 RVE 的体积；V_m 为基体材料所占的体积；S_{ijkl}^m 为基体的柔度；ε_{ij}^*、σ_{ij}^* 为细观的应变和应力；$\bar{\sigma}_{kl}$ 为体元的平均应力。

对于微裂纹体，假设裂纹的初始张开体积可以忽略不计，因此可以近似认为 $V_m = V$，而且 $\bar{\sigma}_{kl}$ 等于外加应力 σ_{ij}，即

$$\bar{\sigma}_{kl} = \frac{1}{V} \int_{V_m} \sigma_{ij}^* \, \mathrm{d}V = \frac{1}{V} \int_{V} \sigma_{ij}^* \, \mathrm{d}V = \sigma_{ij} \tag{8.3}$$

式 (8.2) 可以改写为

$$\bar{\varepsilon}_{ij}^{e} = S_{ijkl}^m \, \bar{\sigma}_{kl} \tag{8.4}$$

假设基体为各向同性材料，弹性模量为 E，泊松比为 ν，则其柔度可以表示为

$$S_{ijkl}^m = \frac{1}{2E}[(1+\nu)(\delta_{il}\delta_{jk} + \delta_{ik}\delta_{jl}) - 2\nu\delta_{ij}\delta_{kl}] \tag{8.5}$$

2. 微裂纹变形引起的应变增量

微裂纹变形引起的应变增量 $\bar{\varepsilon}_{ij}^{c}$ 可以通过对所有裂纹引起的应变求和积分得到

$$\overline{\varepsilon}_{ij}^{\mathrm{c}} = \sum_{\alpha=1}^{N_{\mathrm{c}}} \varepsilon_{ij,\alpha}^{\mathrm{c}} \tag{8.6}$$

式中，N_{c} 为 RVE 内的微裂纹总数目；$\varepsilon_{ij,\alpha}^{\mathrm{c}}$ 为第 α 个裂纹引起的应变。

$$\varepsilon_{ij,\alpha}^{\mathrm{c}} = \frac{1}{V} \int_{S_{\alpha}} \frac{1}{2} (b_i n_j + b_j n_i)_{\alpha} \, \mathrm{d}S \tag{8.7}$$

式中，$b_i = u_i^+ - u_i^-$、$b_j = u_j^+ - u_j^-$，b_i 和 b_j 为微裂纹面上的不连续位移分量；n_i、n_j 为微裂纹的单位法向矢量的坐标分量；S_{α} 为第 α 个裂纹的表面积。

8.1.2　单个裂纹引起的柔度张量

选取币状微裂纹作为研究对象，并且假设裂纹在无穷远处承受均匀荷载。为了研究方便，建立整体坐标系 $OX_1X_2X_3$ 和用来描述微裂纹位置取向的局部坐标系 $OX_1'X_2'X_3'$，如图 8.1 所示。

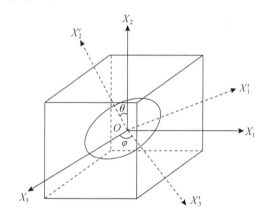

图 8.1　裂纹空间取向示意图

图 8.1 中币状裂纹半径为 a，X_2' 轴平行于微裂纹法向矢量，X_3' 轴与 X_1、X_3 轴在同一平面内。这样裂纹的位置取向可以用一对角参数 (θ,φ) 表示，θ 和 φ 的取值范围分别为 $0 \leqslant \theta \leqslant \pi/2$ 和 $0 \leqslant \varphi \leqslant 2\pi$。两个坐标系中基矢量之间的转换关系为

$$e_i' = \mathbf{g}' e_j \tag{8.8}$$

$$e_i = \mathbf{g} e' = \mathbf{g}' e_j' \tag{8.9}$$

式中，转换矩阵 $\boldsymbol{g}' = \boldsymbol{g}^{\mathrm{T}} = \boldsymbol{g}^{-1}$ 为

$$\boldsymbol{g}' = \begin{bmatrix} \cos\theta\cos\varphi & \sin\theta & -\cos\theta\sin\varphi \\ -\sin\theta\cos\varphi & \cos\theta & \sin\varphi\sin\theta \\ \sin\varphi & 0 & \cos\varphi \end{bmatrix} \tag{8.10}$$

对于张开的币状裂纹，不连续位移分量与远场应力呈线性关系，表示为

$$b_i = b_j' g_{li}' = (a^2 - r^2)^{1/2} B_{lj}' \sigma_{2j}' g_{li}' \tag{8.11}$$

式中，r 为裂纹中心到裂纹面上一点的距离；B_{lj}' 为裂纹张开位移，其依赖于裂纹的形状和和材料的柔度。

对于各向同性基体中的一个币状裂纹，如果不考虑其间的相互作用 (Taylor 模型)，B_{ij}' 的非零元素只有三个，分别是

$$B_{11}' = B_{33}' = \frac{16(1-v^2)}{\pi E(2-v)} \tag{8.12}$$

$$B_{22}' = \frac{8(1-v^2)}{\pi E} \tag{8.13}$$

由式 (8.9) 所示的局部坐标系与整体坐标系中基矢量之间的转换关系，可以得出应力 σ_{kl} 与 σ_{ij}' 的关系为

$$\sigma_{ij}' = g_{ik}' g_{jl}' \sigma_{kl} \tag{8.14}$$

把式 (8.14) 代入式 (8.11)，可得

$$b_i = (a^2 - r^2)^{1/2} B_{js}' g_{ji}' g_{2k}' g_{sl}' \sigma_{kl} \langle \sigma_{22}' \rangle \tag{8.15}$$

定义 $\langle x \rangle$ 为

$$\langle x \rangle = \begin{cases} 1, & x > 0 \\ 0, & x < 0 \end{cases} \tag{8.16}$$

定义 $\langle x \rangle$ 的目的是：微裂纹在不同应力状态下的变形模式和损伤机制不同，引起的非弹性柔度变化也不相同。例如，张开的微裂纹和闭合的微裂纹对柔度的贡献显然是有差别的。对于拉伸情况下，认为所有裂纹是张开的，

不考虑闭合裂纹的损伤机制，这里定义 $x > 0$ 即受拉伸荷载作用，$x < 0$ 即受压缩荷载作用，这种情况下不考虑裂纹的非弹性应变。

把式 (8.15) 代入式 (8.7)，并利用关系 $n_i = g'_{2i}$，可得

$$
\begin{aligned}
\varepsilon^{\mathrm{c}}_{ij,\alpha} &= \frac{1}{V}\int_{S_\alpha} \frac{1}{2}(b_i n_j + b_j n_i)_\alpha \mathrm{d}S \\
&= \frac{1}{2V}\int_{S_\alpha}[(a^2-r^2)^{1/2}B'_{js}g'_{ji}g'_{2k}g'_{sl}\sigma_{kl}g'_{2j} + (a^2-r^2)^{1/2}B'_{is}g'_{ij}g'_{2k}g'_{sl}\sigma_{kl}g'_{2i}]_\alpha \mathrm{d}S \\
&= \frac{B'_{js}g'_{ji}g'_{2k}g'_{sl}\sigma_{kl}g'_{2j} + B'_{is}g'_{ij}g'_{2k}g'_{sl}\sigma_{kl}g'_{2i}}{2V}\int_{S_\alpha}(a^2-r^2)^{1/2}\mathrm{d}S \\
&= \frac{B'_{mn}g'_{mi}g'_{2k}g'_{nl}\sigma_{kl}g'_{2j} + B'_{mn}g'_{mj}g'_{2k}g'_{nl}\sigma_{kl}g'_{2i}}{2V}\int_{S_\alpha}(a^2-r^2)^{1/2}\mathrm{d}S \\
&= \frac{\pi a^3}{3V}(B'_{mn}g'_{mi}g'_{2k}g'_{nl}\sigma_{kl}g'_{2j} + B'_{mn}g'_{mj}g'_{2k}g'_{nl}\sigma_{kl}g'_{2i}) \\
&= \frac{\pi a^3}{3V}B'_{mn}(g'_{mi}g'_{2j} + g'_{mj}g'_{2i})g'_{2k}g'_{nl}\sigma_{kl} \\
&= \frac{\pi a^3}{6V}[B'_{mn}(g'_{mi}g'_{2j} + g'_{mj}g'_{2i})g'_{2k}g'_{nl}\sigma_{kl} + B'_{mn}(g'_{mi}g'_{2j} + g'_{mj}g'_{2i})g'_{2k}g'_{nl}\sigma_{kl}] \\
&= \frac{\pi a^3}{6V}[B'_{mn}(g'_{mi}g'_{2j} + g'_{mj}g'_{2i})g'_{2k}g'_{nl}\sigma_{kl} + B'_{mn}(g'_{mi}g'_{2j} + g'_{mj}g'_{2i})g'_{2l}g'_{nk}\sigma_{lk}] \\
&= \frac{\pi a^3}{6V}[B'_{mn}(g'_{mi}g'_{2j} + g'_{mj}g'_{2i})g'_{2k}g'_{nl}\sigma_{kl} + B'_{mn}(g'_{mi}g'_{2j} + g'_{mj}g'_{2i})g'_{2l}g'_{nk}\sigma_{lk}] \\
&= \frac{\pi a^3}{6V}B'_{mn}[(g'_{mi}g'_{2j} + g'_{mj}g'_{2i})g'_{2k}g'_{nl} + (g'_{mi}g'_{2j} + g'_{mj}g'_{2i})g'_{2l}g'_{nk}]\sigma_{kl} \\
&= \frac{\pi a^3}{6V}B'_{mn}[(g'_{mi}g'_{2j} + g'_{mj}g'_{2i})g'_{2k}g'_{nl} + (g'_{mi}g'_{2j} + g'_{mj}g'_{2i})g'_{2l}g'_{nk}]\sigma_{kl} \\
&= \frac{\pi a^3}{6V}B'_{mn}(g'_{mi}g'_{2j} + g'_{mj}g'_{2i})(g'_{2k}g'_{nl} + g'_{2l}g'_{nk})\sigma_{kl}
\end{aligned}
$$

$$(8.17)$$

在上述的推导中，积分面积 S_α 认为是半径为 a 的圆面积。

由于

$$
\bar{\varepsilon}^{\mathrm{c}}_{ij,\alpha} = \bar{S}^{\mathrm{c}}_{ijkl,\alpha}\sigma_{kl} \tag{8.18}
$$

则半径为 a、取向为 (θ,φ) 的第 α 个裂纹引起的非弹性柔度表达式为

$$\overline{S}^{c}_{ijkl,\alpha}(\alpha,\theta,\varphi,\sigma_{st}) = \frac{\pi a^3}{6V} B'_{mn}(g'_{2i}g'_{mj} + g'_{2j}g'_{mi})(g'_{2k}g'_{nl} + g'_{2l}g'_{nk}) \quad (8.19)$$

式(8.19)具有 Voigt 对称性，即

$$\overline{S}^{c}_{ijkl,\alpha} = \overline{S}^{c}_{jikl,\alpha} = \overline{S}^{c}_{ijlk,\alpha} = \overline{S}^{c}_{klij,\alpha} \quad (8.20)$$

由此导出了由单个裂纹引起的非弹性柔度。

8.2 花岗岩动态单轴拉伸的应力-应变关系

8.2.1 基于 Taylor 方法的裂纹区域扩展模型

在细观力学研究中，已经发展了多种方法来研究含微裂纹材料的应力-应变关系，诸如 Taylor 方法[78~80]、自洽方法[81]、广义自洽方法、微分方法、Mori-Tannka 方法等。其中较为简单实用的是 Taylor 方法(也称非相互作用方法或稀疏分布方法)，因为 Taylor 方法忽略了微裂纹之间的相互作用，它假设把每个微缺陷位于模量已知的无限大无损基体之中。通常认为微裂纹间的相互作用只有在微裂纹稀疏分布时才可以忽略，但是 Kachanov[35]指出，由于裂纹之间既可以有应力屏蔽作用又可以有应力放大作用，在包含大量微裂纹的材料中，这两种相反的作用对弹性模量的影响部分可以相互抵消，因此 Taylor 方法的使用范围并不局限于微裂纹稀疏分布的情况，某些情况下忽略微裂纹之间的相互作用得到的结果比考虑微裂纹相互作用的自洽方法和微分方法得到的结果更接近材料的实际力学行为。为此，这里采用 Taylor 方法研究花岗岩的动态单轴拉伸应力-应变关系。

在现有的针对脆性裂纹材料的细观模型中，考虑微裂纹扩展、汇合等细观机制的损伤模型并不多，这是由于人们对脆性材料细观损伤断裂的机理研究不够深入，而且引入复杂的微裂纹扩展机制会使模型过于复杂。Krajcinovic 等[29,78]提出了轴对称加载等简单荷载条件下的细观损伤机制，Ju 和 Lee[38,39]又进一步考虑了微裂纹的形核。

对脆性材料细观损伤研究较少的原因还在于，类岩石的脆性材料中弥散分布着大量的微裂纹，而微裂纹的一个重要特点就是在于其方向性。微裂纹的张开、闭合扩展等方式都直接与其取向密切相关，因此描述微裂纹损伤的

一个很好的出路就是从考虑裂纹的空间取向出发。

Feng 等[23,24,77]利用裂纹的区域扩展模型很好地解决了这个问题。微裂纹的区域扩展模式认为在拉伸荷载作用下,岩石类脆性材料内部具有最危险扩展角度的裂纹将发生扩展,当这些裂纹扩展到弱面、颗粒与基体的交界面时,由于基体材料的断裂韧度高,裂纹发生止裂。随着外荷载的增加,其他角度的裂纹将发生扩展,它可以定义为在当前状态下,所有已经发生裂纹扩展的微裂纹在空间取向所占的范围。换言之,如果一个裂纹的取向位于微裂纹扩展区,则意味着该裂纹已经在加载过程中扩展。微裂纹扩展区的本质是将微裂纹的取向分成不同的集合,因为微裂纹的张开与闭合、是否发展、扩展的模式等都与其空间取向密切相关。例如,对于图 8.1 所示空间取向为 (θ, φ) 的币状裂纹扩展区的发展可用图 8.2 表示。

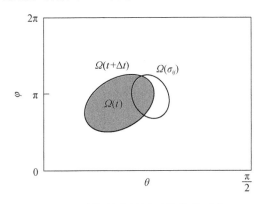

图 8.2   币状裂纹扩展区的演化示意

设从时刻 t 到 $t + \Delta t$,应力从 $\sigma_{ij}(t)$ 变为 $\sigma_{ij}(t + \Delta t) = \sigma_{ij}(t) + \Delta \sigma_{ij}$,那么币状裂纹的裂纹扩展区方程可以表示为如下的集合形式:

$$\Omega(t + \Delta t) = \Omega(t) \bigcup \Omega[\sigma_{ij}(t + \Delta t)] \tag{8.21}$$

微裂纹扩展区具有很清晰的物理意义,可以比较准确地描述微裂纹损伤状态及随加载历史的演化过程,一旦加载历史已知,则微裂纹扩展区可以唯一确定,进而求解在各种加载条件下的应力-应变关系。

这里采用不考虑微裂纹间相互作用的 Taylor 方法和考虑裂纹空间取向及区域扩展的币状裂纹模型研究花岗岩动态单轴拉伸应力-应变关系。

8.2.2　花岗岩动态单轴拉伸两个阶段柔度张量的求解

对于岩石、混凝土之类的弹脆性材料在拉伸荷载作用下的应力-应变曲线，Evans 和 Marathe[82]指出其通常包含四个阶段：线弹性阶段、峰值前的非弹性硬化阶段、快速下降阶段和软化阶段。Terrien[83]通过试验也得出类似的结论，图 8.3 为弹脆性材料在拉伸荷载作用下典型的应力-应变曲线。

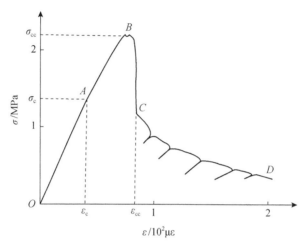

图 8.3　弹脆性材料在拉伸荷载作用下典型的应力-应变曲线[83]

下面分别研究线弹性阶段和峰值前的非弹性硬化阶段花岗岩在受拉伸荷载作用下的力学响应及内部微裂纹的力学行为。

1. 线弹性阶段和峰值前的非弹性硬化阶段的力学行为分析

1)线弹性阶段

当拉伸应力 $\sigma < \sigma_c$ 时，材料没有损伤发生也没有微裂纹的扩展，所有的微裂纹只是经历弹性变形。即这个阶段拉伸应力比较小，不足以使得微裂纹扩展，微裂纹和无损基体材料一样只是经历了弹性变形。这时裂纹保持统计半径 a_0，这一阶段应力-应变呈线性关系。

2)峰值前的非弹性硬化阶段

当拉伸应力增加到 $\sigma = \sigma_c$ 时，位于最危险位置(取向)的微裂纹开始扩展。当该微裂纹扩展到一定程度，遇到更高能障时，便停止扩展，随着拉应力的增大，处于次危险位置(取向)的微裂纹开始扩展，同样当遇到更高能障时，也停止下来，下一个危险方向的微裂纹开始同样扩展，直到裂纹的取向

角 θ 达到其最大值 $\theta_{\max}$，这个阶段的微裂纹扩展便全部完成。在这个阶段 $\sigma_c \leqslant \sigma < \sigma_{cc}$，满足一定条件(即裂纹的取向角 θ 满足 $0 \leqslant \theta \leqslant \theta_{\max}$)的一些微裂纹以稳定的方式开始扩展，材料进入非线性损伤阶段，半径由 a_0 增大为 a_u，这一阶段应力-应变呈非线性关系。

当拉应力增加到 $\sigma = \sigma_{cc}$ 时，$0 \leqslant \theta \leqslant \theta_{\max}$ 内的微裂纹全部完成这一阶段的扩展。这样位于最危险位置的微裂纹将突破其在第一阶段遇到的较高能障，即穿越晶间能障进一步扩展，这将会导致材料的分散损伤局域化及应力的下降，开始进入应力跌落阶段，这里不予讨论。

由上述分析可知，在 $\sigma < \sigma_c$ 阶段，裂纹不发生扩展，只经历弹性变形。在 σ 达到 σ_c 时才发生扩展变形。根据 Krajcinovic 等[29,78]的研究成果，对于币状裂纹选择如下裂纹扩展准则：

$$\left(\frac{K_I'}{K_{Ic}}\right)^2 + \left(\frac{K_{II}'}{K_{IIc}}\right)^2 = 1 \tag{8.22}$$

式中，K_{Ic}、K_{IIc} 为其裂纹扩展的临界值，也可以称为次 I 型、II 型断裂韧度；K_I'、K_{II}' 分别为第一类、第二类应力强度因子，表达式为

$$K_I' = 2\sqrt{\frac{a}{\pi}}\sigma_{22}' \tag{8.23}$$

$$K_{II}' = \frac{4}{2-\nu}\sqrt{\frac{a}{\pi}}\left[(\sigma_{21}')^2 + (\sigma_{23}')^2\right]^{\frac{1}{2}} \tag{8.24}$$

式中，σ_{21}' 由式(8.14)给出。

对于单轴拉伸应力状态，只有 $\sigma_{22} = \sigma > 0$ (定义拉应力为正，压应力为负)，其他应力均为零，将式(8.23)、式(8.24)及 $\sigma_{22} = \sigma$ 代入式(8.22)，可以得到

$$\cos^4\theta\left(\frac{\sigma K_{IIc}}{K_c}\right)^2 + \sin^2\theta\cos^2\theta\left(\frac{2\sigma}{2-\nu}\right)^2 - \frac{\pi}{4a_0}K_{IIc}^2 = 0 \tag{8.25}$$

式(8.25)即为花岗岩在单轴拉伸条件下的裂纹扩展准则，其意味着一旦某个裂纹满足式(8.25)，它将会以稳定的方式扩展，其半径从 a_0 扩展到 a_u，并沿着晶界面向不同的方向发展。这里假设所有的裂纹半径为 a_0，裂纹扩展后的半径为 a_u。而实际上裂纹在扩展前的尺寸不会相同，而是服从一定的随

机分布。假设裂纹经历一次自相似扩展后的半径也相同，且为 a_u。对于币状微裂纹的扩展模式，这里采用自相似扩展，即微裂纹的形状不发生变化，只是尺寸同比例地增大。

满足式(8.25)的微裂纹将会以自相似方式扩展，并且由微裂纹的区域扩展模式可知，发生扩展的微裂纹处于一个区域(集合)，即

$$\Omega(\sigma) = \{0 \leqslant \theta \leqslant \theta_{\max}, 0 \leqslant \varphi \leqslant 2\pi\} \tag{8.26}$$

由式(8.26)可知，确定微裂纹发生区域的主要参数为 $\theta_{\max}$，一旦 $\theta_{\max}$ 确定，微裂纹的扩展区域就可以明确地给出。

根据微裂纹的第一阶段扩展准则式(8.25)可以求出 θ 的最大值 $\theta_{\max}$，有

$$\tan^2 \theta_{\max} = \frac{B_2 - \sqrt{B_2^2 - 4B_1 B_3}}{2B_1} \tag{8.27}$$

式中，

$$\begin{cases} B_1 = -\dfrac{\pi}{4a_0} K_{\mathrm{IIc}}^2 \\[3mm] B_2 = \dfrac{\pi}{2a_0} K_{\mathrm{IIc}}^2 - \left(\dfrac{2\sigma}{2-\nu}\right)^2 \\[3mm] B_3 = \left(\dfrac{\sigma K_{\mathrm{IIc}}}{K_{\mathrm{Ic}}}\right)^2 K_{\mathrm{IIcd}}^2 - \dfrac{\pi}{4a_0} K_{\mathrm{IIc}}^2 \end{cases} \tag{8.28}$$

以上各式成立的前提条件是外荷载拉伸应力满足 $\sigma < \sigma_c$。

当微裂纹的扩展区域确定后，花岗岩在动态单轴拉伸条件下的应力-应变关系为

$$\varepsilon_{ij} = S_{ijkl} \sigma_{kl} \tag{8.29}$$

而总的柔度为

$$S_{ijkl} = S_{ijkl}^{\mathrm{o}} + S_{ijkl}^{\mathrm{i}} \tag{8.30}$$

式中，S_{ijkl}^{o} 为弹性各向同性无损基体的柔度；S_{ijkl}^{i} 为微裂纹引起的柔度，包含两部分，即未扩展裂纹对柔度的贡献 S_{ijkl}^{i1}（即微裂纹和无损基体一样只经历弹性变形

而没有发生裂纹扩展)和已扩展裂纹对柔度的贡献 S_{ijkl}^{i2} ，即

$$S_{ijkl} = S_{ijkl}^{o} + S_{ijkl}^{i} = S_{ijkl}^{o} + S_{ijkl}^{i1} + S_{ijkl}^{i2} \tag{8.31}$$

其中未扩展裂纹对柔度的贡献 S_{ijkl}^{i1} 和已扩展裂纹对柔度的贡献 S_{ijkl}^{i2} 依赖于裂纹扩展区 $\Omega_1(\sigma)$ ，并分别由式 (8.32) 和式 (8.33) 给出

$$\begin{aligned} S_{ijkl}^{i1} = &\int_0^{2\pi}\int_0^{\pi/2} N_c p(a,\theta,\varphi)\overline{S}_{ijkl}^c(a_o,\theta,\varphi)\sin\theta\mathrm{d}\theta\mathrm{d}\varphi \\ &- \iint_{\Omega(t)} N_c p(a,\theta,\varphi)\overline{S}_{ijkl}^c(a_o,\theta,\varphi)\sin\theta\mathrm{d}\theta\mathrm{d}\varphi \end{aligned}$$
$$\tag{8.32}$$

$$S_{ijkl}^{i2} = \iint_{\Omega(t)} N_c p(a,\theta,\varphi)\overline{S}_{ijkl}^c(a_u,\theta,\varphi)\sin\theta\mathrm{d}\theta\mathrm{d}\varphi \tag{8.33}$$

式中，$\overline{S}_{ijkl}^c(a_u,\theta,\varphi)$ 为单个裂纹引起的柔度变化，由式 (8.19) 给出；$p(a,\theta,\varphi)$ 为岩石类材料内部微裂纹分布的概率密度函数，对于不同的材料和裂纹分布，概率密度函数 $p(a,\theta,\varphi)$ 可以不同，但均需满足归一化条件：

$$\int_{a_{\min}}^{a_{\max}}\int_0^{2\pi}\int_0^{\pi/2} p(a,\theta,\varphi)\sin\theta\mathrm{d}\theta\mathrm{d}\varphi\mathrm{d}a = 1 \tag{8.34}$$

为了便于研究，假设微裂纹在空间均匀分布，则 $p(a,\theta,\varphi)$ 可以表示为

$$p(a,\theta,\varphi) = \frac{1}{2\pi} \tag{8.35}$$

N_c 为代表性体积单元的微裂纹总数目，$N_c = n_c V$ ，假设代表性体积单元 $V=1$ ，这样 N_c 可以用 n_c 来代替。由此可以推导出两个阶段的柔度。

2. 线弹性阶段和峰值前的非弹性硬化阶段的柔度分析

1) 线弹性阶段

此阶段 $\sigma \leqslant \sigma_c$ ，微裂纹和无损弹性基体一样只经历弹性变形而没有扩展，这个阶段的 $\Omega_0(\sigma)$ 为零，S_{ijkl}^{i2} 亦为零，则其柔度可以表示为

$$S_{ijkl} = S_{ijkl}^{o} + S_{ijkl}^{i1} \tag{8.36}$$

对于弹性无损基体,其柔度 $S_{ijkl}^{o} = \dfrac{1}{E}$, S_{ijkl}^{il} 由式(8.32)给出,由此 S_{ijkl} 可以进一步表示为

$$S_{ijkl} = \frac{1}{E} + \int_0^{2\pi} \int_0^{\pi/2} n_c p(a,\theta,\varphi)\bar{S}_{ijkl}^{c}(a_0,\theta,\varphi)\sin\theta \mathrm{d}\theta \mathrm{d}\varphi \tag{8.37}$$

对于花岗岩的动态单轴拉伸状态($\sigma_{22} = \sigma > 0$,其他应力均为零, ε_{22} 为轴向应变),其应力-应变关系可以表示为

$$\varepsilon_{22} = S_{2222}\sigma_{22} \tag{8.38}$$

式中,

$$S_{2222} = \frac{1}{E} + \int_0^{2\pi} \int_0^{\pi/2} n_c p(a,\theta,\varphi)\bar{S}_{2222}^{c}(a_0,\theta,\varphi)\sin\theta \mathrm{d}\theta \mathrm{d}\varphi \tag{8.39}$$

由式(8.19)给出的柔度表达式可以推出

$$\bar{S}_{2222}^{c} = \frac{16(1-\nu^2)a^3}{3(2-\nu)E}\cos^2\theta(2-\nu\cos^2\theta) \tag{8.40}$$

则

$$\begin{aligned}
S_{2222} &= \frac{1}{E} + \int_0^{2\pi} \int_0^{\pi/2} n_c p(a,\theta,\varphi)\bar{S}_{2222}^{c}(a_0,\theta,\varphi)\sin\theta \mathrm{d}\theta \mathrm{d}\varphi \\
&= \frac{1}{E} + \int_0^{2\pi} \mathrm{d}\varphi \int_0^{\pi/2} n_c p(a,\theta,\varphi)\frac{16(1-\nu^2)a_0^3}{3(2-\nu)E}\cos^2\theta(2-\nu\cos^2\theta)\sin\theta \mathrm{d}\theta \\
&= \frac{1}{E} + \frac{8(1-\nu^2)n_c a_0^3}{3(2-\nu)\pi E}\int_0^{2\pi} \mathrm{d}\varphi \int_0^{\pi/2} \cos^2\theta(2-\nu\cos^2\theta)\sin\theta \mathrm{d}\theta \\
&= \frac{1}{E} + \frac{16(1-\nu^2)(10-3\nu)n_c a_0^3}{45(2-\nu)E}
\end{aligned}$$

$$\tag{8.41}$$

因此,花岗岩在动态单轴拉伸应力状态下线弹性阶段的应力-应变关系可以表示为

$$\varepsilon_{22} = \left[\frac{1}{E} + \frac{16(1-\nu^2)(10-3\nu)n_c a_0^3}{45(2-\nu)E}\right]\sigma_{22} \tag{8.42}$$

横向应变 ε_{11} 或 ε_{33}(侧向应变)可以根据 Hook 定律由式(8.43)给出

$$\varepsilon_{11}(\varepsilon_{33}) = -\mu S_{1111}(S_{3333})\sigma_{22} \tag{8.43}$$

而横向柔度 $S_{1111}(S_{3333})$ 的求解同轴向(拉伸方向)柔度的求解一样，可以由式(8.44)给出

$$
\begin{aligned}
S_{1111} &= \frac{1}{E} + \int_0^{2\pi}\int_0^{\pi/2} n_c p(a,\theta,\varphi)\overline{S}_{1111}^c(a_0,\theta,\varphi)\sin\theta\mathrm{d}\theta\mathrm{d}\varphi \\
&= \frac{1}{E} + \frac{16(1-\nu^2)n_c a_0^3}{45(2-\nu)E}
\end{aligned}
\tag{8.44}
$$

由式(8.42)和式(8.43)可以得到线弹性阶段的体积应变为

$$\varepsilon_V = \varepsilon_{22} + \varepsilon_{11} + \varepsilon_{33} \tag{8.45}$$

2) 峰值前的非弹性硬化阶段

此阶段 $\sigma_c \leqslant \sigma \leqslant \sigma_{cc}$，取向角位于 $0 \leqslant \theta \leqslant \theta_{\max}$ 的裂纹开始第一阶段的扩展。微裂纹的扩展区域由式(8.26)给出，即 $\Omega_1(\sigma) = \{0 \leqslant \theta \leqslant \theta_{\max(\sigma)}, 0 \leqslant \varphi \leqslant 2\pi\}$，那么这一阶段的轴向(拉伸方向)柔度 S_{2222} 可以表示为

$$S_{2222} = S_{2222}^o + S_{2222}^{i1} + S_{2222}^{i2} \tag{8.46}$$

式中，

$$S_{2222}^o = \frac{1}{E} \tag{8.47}$$

$$
\begin{aligned}
S_{2222}^{i1} &= \int_0^{2\pi}\int_0^{\pi/2} n_c p(a,\theta,\varphi)\overline{S}_{2222}^c(a_0,\theta,\varphi)\sin\theta\mathrm{d}\theta\mathrm{d}\varphi \\
&\quad - \iint\limits_{\Omega(t)} n_c p(a_0,\theta,\varphi)\overline{S}_{2222}^c(a_u,\theta,\varphi)\sin\theta\mathrm{d}\theta\mathrm{d}\varphi \\
&= \frac{8(1-\nu^2)n_c a_0^3}{3(2-\nu)\pi E}\int_0^{2\pi}\mathrm{d}\varphi\int_0^{\pi/2}\cos^2\theta(2-\nu\cos^2\theta)\sin\theta\mathrm{d}\theta \\
&\quad - \frac{8(1-\nu^2)n_c a_0^3}{3(2-\nu)\pi E}\int_0^{2\pi}\mathrm{d}\varphi\int_0^{\theta_{\max}}\cos^2\theta(2-\nu\cos^2\theta)\sin\theta\mathrm{d}\theta \\
&= \frac{16(1-\nu^2)(10-3\nu)n_c a_0^3}{45(2-\nu)E} - \frac{16(1-\nu^2)n_c a_0^3}{45(2-\nu)E}[(10-3\nu) \\
&\quad - (10\cos^3\theta_{\max} - 3\nu\cos^5\theta_{\max})]
\end{aligned}
\tag{8.48}
$$

$$S_{2222}^{i2} = \iint\limits_{\Omega(t)} n_c p(a,\theta,\varphi) \bar{S}_{2222}^{c}(a_u,\theta,\varphi) \sin\theta \mathrm{d}\theta \mathrm{d}\varphi$$

$$= \int_0^{2\pi} \int_0^{\theta_{max}} n_c p(a,\theta,\varphi) \bar{S}_{2222}^{c}(a_u,\theta,\varphi) \sin\theta \mathrm{d}\theta \mathrm{d}\varphi$$

$$= \frac{8(1-\nu^2)n_c a_u^3}{3(2-\nu)\pi E} \int_0^{2\pi} \mathrm{d}\varphi \int_0^{\theta_{max}} \cos^2\theta(2-\nu\cos^2\theta)\sin\theta \mathrm{d}\theta$$

$$(8.49)$$

则

$$S_{2222} = S_{2222}^{o} + S_{2222}^{i1} + S_{2222}^{i2}$$

$$= \frac{1}{E} + \frac{16(1-\nu^2)n_c a_0^3(10-3\nu)}{45(2-\nu)E} + \frac{16(1-\nu^2)n_c(a_u^3-a_0^3)}{45(2-\nu)E}[(10-3\nu)$$

$$- (10\cos^3\theta_{max} - 3\nu\cos^5\theta_{max})]$$

$$(8.50)$$

该阶段的横向柔度 S_{1111}（S_{3333}）可以根据同样的求解方法得出，即

$$S_{1111} = S_{1111}^{o} + S_{1111}^{i1} + S_{1111}^{i2} \qquad (8.51)$$

式中，

$$S_{1111}^{o} = \frac{1}{E} \qquad (8.52)$$

$$S_{1111}^{i1} = \int_0^{2\pi} \int_0^{\pi/2} n_c p(a,\theta,\varphi) \bar{S}_{1111}^{c}(a_0,\theta,\varphi) \sin\theta \mathrm{d}\theta \mathrm{d}\varphi$$

$$- \iint\limits_{\Omega(t)} n_c p(a_0,\theta,\varphi) \bar{S}_{1111}^{c}(a_u,\theta,\varphi) \sin\theta \mathrm{d}\theta \mathrm{d}\varphi$$

$$(8.53)$$

$$S_{1111}^{i2} = \iint\limits_{\Omega(t)} n_c p(a,\theta,\varphi) \bar{S}_{1111}^{c}(a_u,\theta,\varphi) \sin\theta \mathrm{d}\theta \mathrm{d}\varphi \qquad (8.54)$$

8.2.3　裂纹动态扩展准则

在式 (8.22) 中选用了 Krajcinovic 和 Fanella[78] 提出的针对币状裂纹的扩展准则，但是式 (8.22) 的表达式是基于静荷载提出的，对于动态拉伸荷载下微裂纹的扩展准则，根据动态断裂力学，需改写为

$$\left(\frac{K'_{\mathrm{Id}}}{K_{\mathrm{Icd}}}\right)^2 + \left(\frac{K'_{\mathrm{IId}}}{K_{\mathrm{IIcd}}}\right)^2 = 1 \tag{8.55}$$

亦即将式(8.22)中的各指标换成动荷载下的对应值，式(8.55)中 K'_{Id}、K'_{IId} 为 Ⅰ型、Ⅱ型动态应力因子，K_{Icd}、K_{IIcd} 为裂纹扩展的动态临界值，也可以称为次Ⅰ型、Ⅱ型动态断裂韧度。

根据动态断裂力学，通常情况下，动态状态下的应力强度因子 K_{d} 可以用速度因子 $k(v)$ 与静态应力强度因子 K_{s} 的乘积来表示，即

$$K_{\mathrm{d}} = k(v)K_{\mathrm{s}} \tag{8.56}$$

则式(8.55)可以写为

$$\left(\frac{k(v)K'_{\mathrm{Id}}}{K_{\mathrm{Icd}}}\right)^2 + \left(\frac{k(v)K'_{\mathrm{IId}}}{K_{\mathrm{IIcd}}}\right)^2 = 1 \tag{8.57}$$

即

$$\left(\frac{K'_{\mathrm{Id}}}{K_{\mathrm{Icd}}}\right)^2 + \left(\frac{K'_{\mathrm{IId}}}{K_{\mathrm{IIcd}}}\right)^2 = \frac{1}{k^2(v)} \tag{8.58}$$

综合式(8.58)及式(6.29)可以得出裂纹的动态扩展准则为

$$\left(\frac{K'_{\mathrm{Id}}}{K_{\mathrm{Icd}}}\right)^2 + \left(\frac{K'_{\mathrm{IId}}}{K_{\mathrm{IIcd}}}\right)^2 = \left(\frac{v_{\mathrm{r}} - 0.5v}{v_{\mathrm{r}} - v}\right)^2 \tag{8.59}$$

根据花岗岩动态拉伸试验结果，在单轴拉伸情况下，花岗岩破坏时的最大应变一般为 500με。当应变速率为 $10^{-4} \sim 10^0 \mathrm{s}^{-1}$，则对应的加载时间为 $5 \times 10^3 \sim 10^{-1}\mathrm{s}$。对于裂纹的扩展速率同样采用 Ravichandran 和 Subhash[46]以及 Dally 等[64]关于裂纹扩展平均速率的研究结果，即假定在一定的加载(应变)速率下，裂纹的扩展速率为常数。根据前面的分析可知，当拉伸应力 σ 达到 σ_{c} 时，裂纹开始由弹性变形进入扩展阶段，$\sigma_{\mathrm{c}} \leqslant \sigma \leqslant \sigma_{\mathrm{cc}}$ 的阶段是裂纹的扩展阶段，如果在应力的时程曲线上记与 σ_{c} 对应的时刻为 t_{c}，与 σ_{cc} 对应的时刻为 t_{cc}，那么裂纹扩展所用的时间为 $(t_{\mathrm{cc}} - t_{\mathrm{c}})$，在试验中可以得到应力的时程曲线，一般来说，裂纹扩展所用的时间大于 $T/2$（T 为整个加载时间）。而裂纹在扩展阶段的扩展位移可以认为等于 $(a_{\mathrm{u}} - a_0)$。裂纹的最大扩展速率为 4m/s，这

一速率远小于裂纹扩展的极限速率即花岗岩的瑞利波波速(约 2000m/s),这样速度因子 $k(v)$ 可以认为等于 1,因此裂纹的扩展速率对裂纹的动态应力强度因子的影响可以忽略不计。

由此,式(8.59)可以写为

$$\left(\frac{K'_{\mathrm{I}}}{K_{\mathrm{I}cd}}\right)^2 + \left(\frac{K'_{\mathrm{II}}}{K_{\mathrm{II}cd}}\right)^2 = 1 \tag{8.60}$$

根据上述结果,动态拉伸下的裂纹扩展准则与静态拉伸下的区别仅在于界面强度和断裂韧度的不同,在静态拉伸条件下为静态的界面强度和断裂韧度,而在动态拉伸条件下为动态的界面强度和断裂韧度。

8.2.4 临界强度 σ_{c}、σ_{cc} 及岩石细观力学参数的确定

σ_{c} 为微裂纹从弹性变形进入非线性裂纹扩展的临界强度。定义

$$\overline{G} = \left(\frac{K'_{\mathrm{I}d}}{K_{\mathrm{I}cd}}\right)^2 + \left(\frac{K'_{\mathrm{II}d}}{K_{\mathrm{II}cd}}\right)^2 \tag{8.61}$$

式中,$\overline{G}$ 为能量释放率。

式(8.60)可以写为

$$\overline{G} = 1 \tag{8.62}$$

根据式(8.23)、式(8.24)和式(8.60)可以得到

$$\overline{G} = \frac{4a_0\sigma^2\cos^2\theta}{\pi}\left[\frac{\cos^2\theta}{K_{\mathrm{I}cd}^2} + \frac{\sin^2\theta}{K_{\mathrm{II}cd}^2}\left(\frac{2}{2-\nu}\right)^2\right] \tag{8.63}$$

当 $\theta = 0$ 且 $K_{\mathrm{I}cd} \leqslant \dfrac{2-\nu}{\sqrt{2}}K_{\mathrm{II}cd}$ 时,有 $\dfrac{\partial\overline{G}}{\partial\theta} = 0$,$\dfrac{\partial^2\overline{G}}{\partial\theta^2} < 0$。这样 $\overline{G}$ 在 $\theta = 0$ 时达到极值,即

$$\overline{G}_{\max} = \frac{4a_0\sigma^2}{\pi K_{\mathrm{I}cd}^2} \tag{8.64}$$

由 $\dfrac{4a_0\sigma^2}{\pi K_{\mathrm{I}cd}^2} = 1$,可以得到

$$\sigma_c = \frac{K_{Icd}}{2}\sqrt{\frac{\pi}{a_0}} \tag{8.65}$$

裂纹进入第一阶段扩展后，当应力继续增大时，一些微裂纹会被像晶界面这样的能量障碍所束缚，满足第二扩展阶段的准则，进入二次不稳定扩展。这个阶段二次扩展准则为

$$\left(\frac{K_I'}{K_{Icc}}\right)^2 + \left(\frac{K_{II}'}{K_{IIcc}}\right)^2 = 1 \tag{8.66}$$

式中，K_I'、K_{II}' 分别为花岗岩的 I 型、II 型应力强度因子；K_{Icc}、K_{IIcc} 分别为花岗岩的 I 型、II 型断裂韧度。

根据类似于 σ_c 的分析求解可以得到

$$\sigma_{cc} = \frac{K_{Iccd}}{2}\sqrt{\frac{\pi}{a_u}} \tag{8.67}$$

式中，K_{Iccd} 是 I 型动态断裂韧度，可以通过三点弯曲试验得到，Li 等[85]给出了花岗岩动态断裂韧度的计算公式，$K_{Iccd} = -0.118\lg t_d + 1.719$，这里采用的动态断裂韧度亦根据此公式计算。

σ_{cc} 是微裂纹从第一次扩展进入第二次扩展的强度临界值，也是整个拉伸过程中强度的峰值，一旦材料进入第二次扩展，即意味着材料已经破坏，承载能力急剧降低。

至此，花岗岩动态单轴拉伸的本构模型已经建立。需要指出的是，为了应用此模型，需要确定岩石的细观力学参数。首先是初始裂纹尺寸 a_0 的取值。Johnson[30]以及 Fredirch 和 Evens[66]认为岩石内部的裂纹初始尺寸与材料的颗粒尺寸处于同一个数量级，而且与材料的颗粒尺寸有关。根据 Fredrich 和 Evens[66]以及 Peng 和 Johnson[84]的岩石切片观测和扫描电镜观察结果可知，初始裂纹长度与颗粒尺寸的直径关系为 $0.2d \leqslant 2a_0 \leqslant d$；Shang 等[7]的研究表明，武吉知马花岗岩的平均颗粒直径约为 1.5mm。这里选取的裂纹长度($2c$)为 2mm，裂纹第一阶段扩展后的裂纹长度($2c$)为 3mm。Kemeny 和 Cook[31]认为相邻微裂纹之间的间距一般为微裂纹初始长度的 4 倍。根据裂纹平均分布的假设，每个裂纹所占的空间为 $5^3 \times 10^{-9}\mathrm{m}^3$，由此可以得出单位体积内微裂纹的个数为 8×10^6。

对于某种岩石类材料，K_{Ic} 的取值可以根据试验先确定岩石发生非线性

强化开始时的应力，然后根据式(8.65)反算 K_{Icd} ，而一般 K_{Icd} 和 K_{IIcd} 呈较为稳定的比例关系，如 Krajcinovic 和 Fanella[78]认为，$K_{IIcd} = (1.5 \sim 2)K_{Icd}$ 。

模型中涉及的岩石弹性模量和泊松比可以根据试验结果得到。

8.2.5　模型分析结果

图 8.4 给出了基于币状裂纹模型得到的花岗岩的动态单轴抗拉强度与试验测得的强度值(经过无量纲处理，即所有的强度值都除以最小值得到的相对值)随应变速率的变化关系。可知无论是试验还是理论计算得到的花岗岩单轴抗拉强度，均随加载速率的增加而增加，并且理论结果与试验结果较为吻合，说明该模型能较好地反映岩石的动态单轴拉伸试验情况。

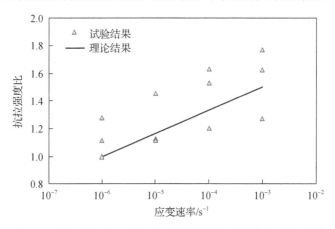

图 8.4　花岗岩的动态单轴抗拉强度随应变速率的变化关系

图 8.5 为动态单轴拉应力条件下不同应变速率下花岗岩的轴向应力-应变曲线。可以看出，理论结果与试验结果整体上较为吻合。从零应力到应力-应变出现非线性这一阶段吻合得较好，从出现非线性到峰值这一阶段出现一定程度的偏差,特别是在较高应变速率下由试验得到的轴向应力-应变曲线非线性不是特别明显。呈现出这种现象的原因是，该模型的柔度主要分为线性变形和非弹性硬化两个阶段，非弹性硬化阶段引起非线性的根本原因就是微裂纹的扩展。

图 8.6 为应变速率为 $10^{-5}s^{-1}$ 时，单轴拉伸时花岗岩的柔度随拉应力的变化关系，图中对柔度进行无量纲处理，即所有的柔度值都除以其最小值，得到的是相对值。

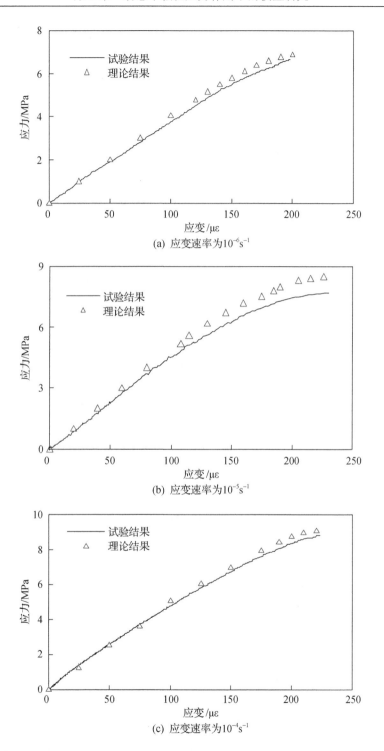

(a) 应变速率为 $10^{-6}s^{-1}$

(b) 应变速率为 $10^{-5}s^{-1}$

(c) 应变速率为 $10^{-4}s^{-1}$

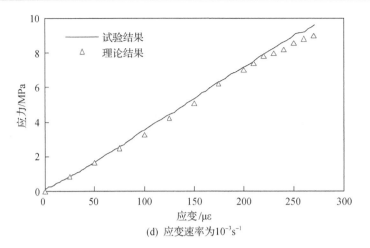

(d) 应变速率为10^{-3}s^{-1}

图 8.5　动态单轴拉应力条件下不同应变速率下花岗岩的应力-应变曲线
（理论结果与试验结果）

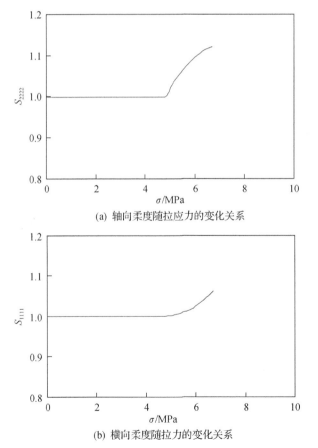

(a) 轴向柔度随拉应力的变化关系

(b) 横向柔度随拉力的变化关系

图 8.6　单轴拉伸时花岗岩的柔度随拉应力的变化关系（应变速率为 10^{-5}s^{-1}）

从图 8.6(a)可以看出，在拉应力达到损伤临界拉应力前，轴向柔度值保持稳定不变。因为这一阶段没有微裂纹扩展，基体和微裂纹仅产生弹性变形。当达到临界拉应力后，随着微裂纹的扩展，轴向柔度分量开始逐渐增大，反映其内部损伤区域逐步扩大，最大增幅为 12.1%。并且还可以看出，轴向柔度随拉应力 σ 的增大率 $\dfrac{\mathrm{d}S_{2222}}{\mathrm{d}\sigma}$ 为 σ 的单调递减函数，这是由于 σ 的增大，发生扩展的微裂纹的法向矢量偏离拉伸方向越远，对 S_{2222} 的贡献越小。

从图 8.6(b)可以看出，在拉应力达到损伤临界拉应力前，横向柔度亦保持稳定不变，其原因同轴向柔度。同样当达到临界拉应力后，随着微裂纹的扩展，横向柔度亦开始逐渐增大，最大增幅为 7.8%。并且还可以看出，横向柔度随拉伸应力 σ 的增大率 $\dfrac{\mathrm{d}S_{1111}}{\mathrm{d}\sigma}$ 为 σ 的单调递增函数，这是由于 σ 的增大，发生扩展的微裂纹的法向矢量越来越靠近横向，对 S_{1111} 的贡献越大。

第9章 有侧压的动态直接拉伸本构关系

对于有侧压的花岗岩动态拉伸本构方程的求解仍然采用第8章的币状裂纹模型和基于 Taylor 方法的裂纹区域扩展模型，但是为了整个求解过程的简便，把花岗岩的受力状态简化为平面应力情况，即受外加平面应力 σ_{22}（拉应力，其值为正）和 σ_{11}（压应力，其值为负）的共同作用。

对于微裂纹的扩展准则同样采用式(8.22)，根据式(8.23)和式(8.24)可知在局部坐标系下影响币状微裂纹扩展的应力只有三个，即 σ'_{21}、σ'_{22} 及 σ'_{23}。

根据式(8.8)局部坐标系和整体坐标系中基矢量之间的转化关系，可以得出在局部坐标系下与币状微裂纹扩展相关的三个应力，即

$$
\begin{aligned}
\sigma'_{21} &= g'_{2\alpha}g'_{1\beta}\sigma_{\alpha\beta} = g'_{21}g'_{11}\sigma_{11} + g'_{22}g'_{12}\sigma_{22} \\
&= -\frac{1}{2}\sin(2\theta)\cos^2\varphi\sigma_{11} + \frac{1}{2}\sin(2\theta)\sigma_{22}g'_{2\alpha}
\end{aligned}
\tag{9.1}
$$

$$
\begin{aligned}
\sigma'_{22} &= g'_{2\alpha}g'_{2\beta}\sigma_{\alpha\beta} = g'_{21}g'_{21}\sigma_{11} + g'_{22}g'_{22}\sigma_{22} \\
&= \sin^2\theta\cos^2\varphi\sigma_{11} + \cos^2\theta\sigma_{22}
\end{aligned}
\tag{9.2}
$$

$$
\begin{aligned}
\sigma'_{23} &= g'_{2\alpha}g'_{3\beta}\sigma_{\alpha\beta} = g'_{21}g'_{31}\sigma_{11} + g'_{22}g'_{32}\sigma_{22} \\
&= -\sin\theta\sin\varphi\cos\varphi\sigma_{11} + \cos\theta\sin\varphi\sigma_{22}
\end{aligned}
\tag{9.3}
$$

根据基于 Taylor 方法的裂纹区域扩展模型，有侧压的花岗岩动态拉应力作用下的应力-应变曲线和花岗岩的动态单轴拉伸应力-应变曲线同样分为线弹性变形阶段和峰值前的非线性硬化阶段，只是在不同的应力状态下其裂纹扩展的区域不同，所以对于有侧压的花岗岩动态拉应力作用下的应力-应变关系求解的关键是确定在拉压二维应力状态下的微裂纹扩展区域。

9.1 微裂纹扩展区域的确定

微裂纹的扩展过程与花岗岩在单轴拉应力作用下的扩展模式一样。随着

拉应力的增大(侧压是预先施加的,且达到预定值后保持不变),首先是处于最危险取向的微裂纹满足扩展准则(即满足式(8.22))并开始扩展,当其遇到更高能障时停止扩展,处于次最危险位置的微裂纹进入扩展状态,也是当其遇到更高能障时停止扩展,依次发展下去,直到整个微裂纹的扩展区域内的所有微裂纹都发生一次自相似扩展。下面首先求解花岗岩在有侧压的直接拉伸条件下微裂纹第一次发生扩展的区域。

将式(9.1)～式(9.3)表示的 σ'_{21}、σ'_{22} 及 σ'_{23} 代入微裂纹开始发生扩展的扩展式(8.22),可以得到有侧压的花岗岩动态拉应力作用下的微裂纹扩展准则为

$$A\left(\frac{K_{\mathrm{IIc}}}{K_{\mathrm{Ic}}}\right)^2 + BK_{\mathrm{IIc}}^2 + C\left(\frac{2}{2-\nu}\right)^2 = 0 \tag{9.4}$$

式中,

$$A = \sin^4\theta\cos^4\varphi\sigma_{11}^2 + \frac{1}{2}\sin^2(2\theta)\sigma_{11}\sigma_{22} + \cos^4\theta\sigma_{22}^2 \tag{9.5}$$

$$B = -\frac{p}{4a_0} \tag{9.6}$$

$$C = \sin^4\theta\cos^2\theta\sigma_{11}^2 - \frac{1}{2}\sin^2(2\theta)\sigma_{11}\sigma_{22} + \sin^2\theta\cos^2\theta\sigma_{22}^2 \tag{9.7}$$

式(9.4)就是在拉压平面应力加载条件下微裂纹扩展区的边界所满足的条件。

从式(9.4)可以求解出微裂纹发生第一次扩展的区域,对于给定的平面应力状态,很容易确定其主应力 σ_{11} 和 σ_{22},以及 σ_{22} 的主方向与 x_2 轴之间的夹角 $\alpha\left(-\frac{\pi}{2} \leqslant \alpha \leqslant \frac{\pi}{2}\right)$。在平面受力状态下,令 $\varphi = 0$,这样可以用 σ_{11}、σ_{22} 和 α 把式(9.4)改写为

$$k_1\tan^4(\theta-\alpha) + k_2\tan^2(\theta-\alpha) + k_3 = 0 \tag{9.8}$$

式中,

$$k_1 = \left(\frac{\sigma_{11}K_{\mathrm{IIc}}}{K_{\mathrm{Ic}}}\right)^2 - \frac{\pi}{4a_0}K_{\mathrm{IIc}}^2 \tag{9.9}$$

$$k_2 = 2\sigma_{11}\sigma_{22}\left(\frac{K_{\mathrm{IIc}}}{K_{\mathrm{Ic}}}\right)^2 - \frac{\pi}{2a_0}K_{\mathrm{IIc}}^2 + (\sigma_{22}-\sigma_{11})^2\left(\frac{2}{2-\nu}\right)^2 \tag{9.10}$$

$$k_3 = \left(\frac{\sigma_{22} K_{\mathrm{IIc}}}{K_{\mathrm{Ic}}}\right)^2 - \frac{\pi}{4a_0} K_{\mathrm{IIc}}^2 \tag{9.11}$$

式(9.8)的解为

$$\tan^2(\theta - \alpha) = \tan^2 \theta_{\mathrm{u}} = \frac{-k_2 \pm \sqrt{k_2^2 - 4k_1 k_3}}{2k_1} \tag{9.12}$$

θ_{u} 存在的条件为

$$\frac{-k_2 \pm \sqrt{k_2^2 - 4k_1 k_3}}{2k_1} \geqslant 0, \quad \text{且} \, k_2^2 - 4k_1 k_3 \geqslant 0 \tag{9.13}$$

如果条件式(9.13)不满足，应分以下两种情况进行分析：

(1)如果式(9.8)的左端对于任意的$(\theta - \alpha)$均为负值，则意味着花岗岩所受外力太小，不足以引起任何裂纹的扩展，也就是所有区域的微裂纹只是处于弹性变形阶段。

(2)如果式(9.8)的左端对于任意的$(\theta - \alpha)$均为正值，则意味着花岗岩所受外力足够大，在θ所有取值范围内微裂纹均有扩展。此时，取

$$\theta_{\mathrm{u}} = \frac{\pi}{2} \tag{9.14}$$

综合式(9.8)~式(9.13)，可以得出花岗岩在拉压二维受力状态下微裂纹扩展区域内θ的取值范围为

$$|\theta - \alpha| \leqslant \theta_{\mathrm{u}} \tag{9.15}$$

综上所述，对于给定任意θ值，可以根据式(9.4)解出确定微裂纹空间取向的另一参数φ，即

$$\varphi = \arccos f(\alpha, K_{\mathrm{Ic}}, K_{\mathrm{IIc}}, \nu, a_0, \sigma_{\alpha\beta}) \tag{9.16}$$

在平面应力情况下，微裂纹扩展区域具有对称性，即取向为(θ, φ)和$(\theta, 2\pi - \varphi)$的微裂纹同时扩展。因此，可以只考虑$0 \leqslant \varphi \leqslant \pi$内的部分，该部分微裂纹扩展区域可以表示为

$$\Omega(\sigma_{\alpha\beta}) = \left\{ 0 \leqslant \varphi \leqslant \varphi_1(\theta, \sigma_{\alpha\beta}), \theta_{\min 1}(\sigma_{\alpha\beta}) \leqslant \theta \leqslant \theta_{\max 1}(\sigma_{\alpha\beta}) \right\}$$

$$\bigcup \left\{ \varphi_2(\theta, \sigma_{\alpha\beta}) \leqslant \varphi \leqslant \pi, \theta_{\min 2}(\sigma_{\alpha\beta}) \leqslant \theta \leqslant \theta_{\max 2}(\sigma_{\alpha\beta}) \right\}$$

$$(9.17)$$

式中，φ_1、φ_2 为 θ 和应力 $\sigma_{\alpha\beta}$ 的函数；$\theta_{\min 1}$、$\theta_{\max 1}$、$\theta_{\min 2}$ 和 $\theta_{\max 2}$ 均为应力 $\sigma_{\alpha\beta}$ 的函数，可以通过式 (9.8) 或式 (9.16) 解出。

由此建立起了花岗岩在拉压二维应力状态下，币状裂纹发生第一次扩展的微裂纹扩展区域，其主要作用是计算花岗岩在拉压应力作用下应变硬化阶段的柔度，计算方法同单轴拉应力作用下柔度的计算。

9.2　花岗岩在有侧压的动态直接拉伸作用下的理论强度

花岗岩在拉压二维应力 (侧压是预先施加的，且达到预定值后保持不变) 作用下其内部微裂纹的扩展模式及扩展过程与花岗岩在单轴拉伸应力作用下其内部微裂纹的行为一样。首先是当拉应力小于临界裂纹扩展应力 （即 $\sigma_{22} \leqslant \sigma_c$）时，花岗岩内部的微裂纹没有发生扩展，只是经历弹性变形，将微裂纹的分布按空间均匀分布考虑，那么这个阶段，花岗岩的本构关系是线弹性和各向同性的。当拉应力 σ_{22} 增大到 σ_c 时，处于最危险取向的微裂纹满足微裂纹的第一次扩展准则，即满足式 (8.22)，也就是式 (9.4)，即开始扩展，当遇到更高能障时便停止扩展。随着拉应力 σ_{22} 的继续增大，处于次危险位置的微裂纹进入扩展状态，同样遇到更高能障时停止扩展，依次发展下去，直到整个微裂纹的扩展区域 (具体范围可以由式 (9.16) 确定) 内的所有微裂纹都发生一次扩展，其扩展模式按自相似扩展考虑，即裂纹整体形状保持不变，只是大小发生比例变化，从原始半径 a_0 扩展到 a_u。当微裂纹扩展区域内所有的微裂纹都发生一次自相似扩展后，处于最危险位置的微裂纹随着拉应力的增大满足微裂纹扩展的第二次扩展准则，即满足式 (8.66)，开始第二阶段的扩展。

与求解裂纹第一次扩展准则式 (9.4) 一样，将式 (9.1)～式 (9.3) 表示的 σ'_{21}、σ'_{22} 及 σ'_{23} 代入式 (8.66)，即可得到花岗岩在有侧压的直接拉伸作用下的微裂纹第二次微裂纹扩展准则为

$$A\left(\frac{K_{\text{IIcc}}}{K_{\text{Icc}}}\right)^2 + BK_{\text{IIcc}}^2 + C\left(\frac{2}{2-v}\right)^2 = 0 \tag{9.18}$$

式中，K_{Icc}、K_{IIcc} 为花岗岩的 I 型、II 型断裂韧度；ν 为花岗岩的泊松比；A、B、C 的具体含义同式 (9.4)。

式 (9.18) 就是花岗岩发生微裂纹扩展的裂纹扩展准则。一旦花岗岩内部的微裂纹进入第二次扩展，表示其材料开始进入破坏阶段，强度达到峰值并开始下降。

对于花岗岩在有侧压的动态直接拉伸作用下其内部微裂纹的第一次扩展准则，可以根据式 (9.4) 得到

$$A\left(\frac{K_{IIcd}}{K_{Icd}}\right)^2 + B(K_{IIcd})^2 + C\left(\frac{2}{2-\nu}\right)^2 = 0 \tag{9.19}$$

式中，K_{Icd}、K_{IIcd} 分别为 I 型、II 型应力强度因子在其裂纹扩展的动态临界值。

对于花岗岩在有侧压的动态直接拉伸作用下其内部微裂纹的第二次扩展准则，可以根据式 (9.4) 得到

$$A\left(\frac{K_{IIccd}}{K_{Iccd}}\right)^2 + B(K_{IIccd})^2 + C\left(\frac{2}{2-\nu}\right)^2 = 0 \tag{9.20}$$

式中，K_{Iccd}、K_{IIccd} 分别为花岗岩的 I 型、II 型动态断裂韧度。

至此，由式 (9.19) 和式 (9.20) 所示的裂纹扩展条件得到不同侧压和不同应变速率下花岗岩的理论强度值。

第 5 章通过试验揭示了在有侧压的动态直接拉伸作用下，花岗岩的抗拉强度随着侧压的增加呈减小趋势。这里主要通过币状裂纹的动态扩展准则及花岗岩的相关细观力学参数 (具体取值同 8.2 节)，确定提出的裂纹模型计算出来的理论抗拉强度，并辅以试验结果进行对比分析。

图 9.1 给出了由币状裂纹模型得到的不同侧压下花岗岩的抗拉强度与应变速率的关系及与试验结果的比较。图中横坐标为归一化应变速率，其值为实际应变速率和最小应变速率之比的对数值；纵坐标为归一化强度值，为实际强度除以最小应变速率对应的强度值。在不同侧压下，花岗岩的理论抗拉强度随着应变速率的增加整体呈增加趋势，并且在三种侧压下，花岗岩的理论抗拉强度与其试验结果吻合得较好。同时，随着侧压的增大，花岗岩的抗拉强度随应变速率的增加幅度有明显的减小趋势 (见图 9.2)，与试验结果相同。

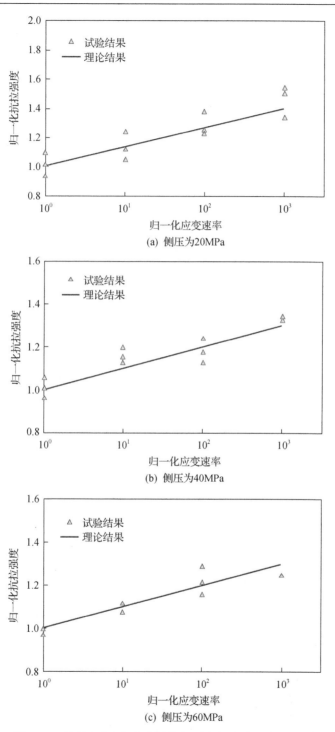

(a) 侧压为20MPa

(b) 侧压为40MPa

(c) 侧压为60MPa

图 9.1　不同侧压下花岗岩的抗拉强度与应变速率的关系

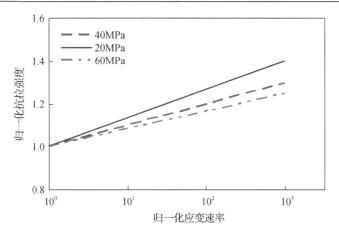

图 9.2   不同侧压下花岗岩的抗拉强度随应变速率的增加幅度变化规律

图 9.3 给出了由币状裂纹模型得到的不同应变速率下花岗岩的抗拉强

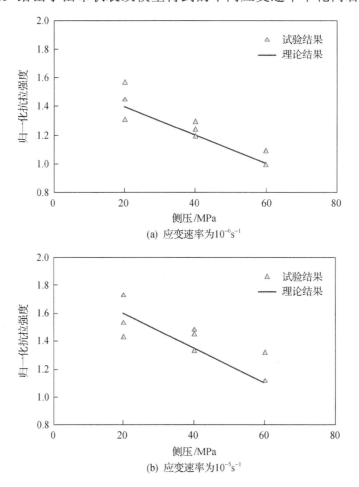

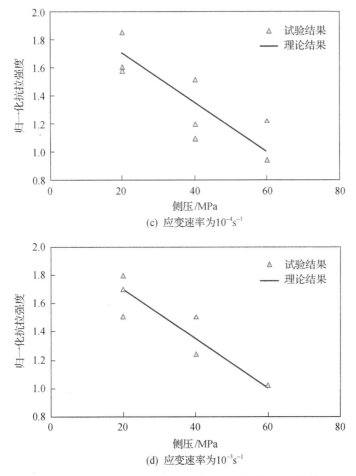

图 9.3　不同应变速率下花岗岩的抗拉强度与侧压的关系

度与侧压的关系，图中纵坐标为归一化抗拉强度，其值为实际强度除以最小侧向应力（20MPa）对应的强度值。可以看出，在不同应变速率下，花岗岩的动态抗拉强度随着侧压的增加整体呈减小趋势。同时，随着侧压的增大，花岗岩抗拉强度随应变速率的增加幅度有明显的减小趋势，与试验结果相同。

9.3　花岗岩在有侧压的动态直接拉伸作用下的本构关系

如前所述，花岗岩在有侧压的动态直接拉伸作用下的裂纹扩展模式和其在动态单轴直接拉伸作用下的裂纹扩展模式相同，即在拉伸应力小于临界裂纹扩展应力（$\sigma_{22} \leqslant \sigma_c$）时，花岗岩内部的微裂纹没有发生扩展，只是经历弹性变形，将微裂纹的分布按空间均匀分布考虑，那么这个阶段，花岗岩的本构关系是线弹性和各向同性的。

当拉应力 σ_{22} 增大到 σ_c 时，裂纹开始发生第一次扩展，即进入非弹性硬化阶段，在这个阶段花岗岩的应变既包括基体材料和微裂纹的线弹性应变，又具有微裂纹扩展引起的非弹性应变。

对于花岗岩在有侧压的动态直接拉伸作用下的裂纹扩展模式，仍采用基于 Taylor 方法的裂纹区域扩展模型进行分析，即不考虑微裂纹之间的相互作用，微裂纹的扩展方式按照区域分阶段进行。对于由基体材料和微裂纹引起的应变见 8.1.1 节。

这里也将花岗岩在有侧压的动态直接拉伸作用下的应力-应变关系分为两个阶段求解。

1. 线弹性阶段

此阶段 $\sigma_{22} < \sigma_c$，微裂纹和无损弹性基体一样只经历弹性变形没有扩展，这个阶段的 $\Omega(\sigma_{\alpha\beta})$ 为零，即没有微裂纹进入扩展阶段。在这个阶段裂纹保持统计半径为初始半径 a_0，这一阶段应力-应变呈线性关系，σ_c 是花岗岩损伤发生的拉应力临界值。

该阶段花岗岩的本构关系是线弹性的和各向同性的，有

$$\varepsilon_{ij} = S_{ij\alpha\beta}\sigma_{\alpha\beta} \tag{9.21}$$

式中，$S_{ij\alpha\beta}$ 为花岗岩在有侧应的动态直接拉伸作用下应力-应变关系中线弹性阶段的柔度。

与花岗岩在动态拉伸作用下一样，该阶段的柔度可以表示为

$$S_{ijkl} = S_{ijkl}^{\text{o}} + S_{ijkl}^{\text{il}} \tag{9.22}$$

式中，S_{ijkl}^{o} 为弹性各向同性无损基体的柔度；S_{ijkl}^{il} 为未扩展裂纹对柔度的贡献。

轴向应变 ε_{22}（拉应力方向）和横向应变 ε_{11} 的计算表达式为

$$\varepsilon_{22} = S_{2222}\sigma_{22} + S_{2211}\sigma_{11} \tag{9.23}$$

$$\varepsilon_{11} = S_{1122}\sigma_{22} + S_{1111}\sigma_{11} \tag{9.24}$$

而柔度分量 S_{2222}、S_{2211}、S_{1122} 和 S_{1111} 的求解同 8.2.2 节中单轴拉伸应力条件下柔度分量的求解一样，可以由如下公式给出：

$$S_{2222} = \frac{1}{E} + \int_0^{2\pi}\int_0^{\pi/2} n_c p(a,\theta,\varphi)\bar{S}_{2222}^c(a_0,\theta,\varphi)\sin\theta\mathrm{d}\theta\mathrm{d}\varphi \tag{9.25}$$

$$S_{2211} = \frac{1}{E} + \int_0^{2\pi}\int_0^{\pi/2} n_c p(a,\theta,\varphi)\bar{S}_{2222}^c(a_0,\theta,\varphi)\sin\theta\mathrm{d}\theta\mathrm{d}\varphi \tag{9.26}$$

$$S_{1122} = \frac{1}{E} + \int_0^{2\pi}\int_0^{\pi/2} n_c p(a,\theta,\varphi)\bar{S}_{1122}^c(a_0,\theta,\varphi)\sin\theta\mathrm{d}\theta\mathrm{d}\varphi \tag{9.27}$$

$$S_{1111} = \frac{1}{E} + \int_0^{2\pi}\int_0^{\pi/2} n_c p(a,\theta,\varphi)\bar{S}_{1111}^c(a_0,\theta,\varphi)\sin\theta\mathrm{d}\theta\mathrm{d}\varphi \tag{9.28}$$

式中，$\bar{S}_{2222}^c(a_0,\theta,\varphi)$、$\bar{S}_{2211}^c(a_0,\theta,\varphi)$、$\bar{S}_{1122}^c(a_0,\theta,\varphi)$ 和 $\bar{S}_{1111}^c(a_0,\theta,\varphi)$ 为由单个微裂纹贡献的柔度，可由式 (8.20) 给出。

2. 峰值前的非弹性硬化阶段

当拉应力 σ_{22} 增大到 σ_c 时，处于最危险位置(取向)的微裂纹满足微裂纹第一次扩展准则开始扩展，当遇到更高能障时便停止扩展，随着拉应力的继续增大，处于次危险位置(取向)的微裂纹开始扩展，同样当扩展遇到更高能障时便停止下来，下一个危险方向的微裂纹开始同样的扩展模式，直到微裂纹扩展区域 $\Omega(\sigma_{\alpha\beta})$ 内所有的微裂纹都经历一次自相似扩展。这个阶段微裂纹半径由 a_0 增大为 a_u，应力-应变呈非线性关系。

同样花岗岩在有侧压的动态直接拉伸作用下的应力-应变关系可以表示为式 (9.21)，其柔度由三部分组成，即

$$S_{ijkl} = S_{ijkl}^o + S_{ijkl}^{i1} + S_{ijkl}^{i2} \tag{9.29}$$

式中，S_{ijkl}^o 为弹性各向同性无损基体的柔度；S_{ijkl}^{i1} 为未扩展裂纹对柔度的贡献；S_{ijkl}^{i2} 为已扩展裂纹对柔度的贡献。

此阶段轴向应变和横向应变同样可以由式 (9.21) 给出，只是柔度分量 S_{2222}、S_{2211}、S_{1122} 及 S_{1111} 的求解不同，下面给出具体解：

$$S_{2222} = \frac{1}{E} + \int_0^{2\pi} \int_0^{\pi/2} n_\mathrm{c} p(a,\theta,\varphi) \overline{S}_{2222}^\mathrm{c}(a_0,\theta,\varphi) \sin\theta \mathrm{d}\theta \mathrm{d}\varphi$$

$$- \iint\limits_{\Omega(\sigma_{\alpha\beta})} n_\mathrm{c} p(a_0,\theta,\varphi) \overline{S}_{2222}^\mathrm{c}(a_0,\theta,\varphi) \sin\theta \mathrm{d}\theta \mathrm{d}\varphi$$

$$+ \iint\limits_{\Omega(\sigma_{\alpha\beta})} n_\mathrm{c} p(a_\mathrm{u},\theta,\varphi) \overline{S}_{2222}^\mathrm{c}(a_\mathrm{u},\theta,\varphi) \sin\theta \mathrm{d}\theta \mathrm{d}\varphi$$

$$(9.30)$$

$$S_{2211} = \frac{1}{E} + \int_0^{2\pi} \int_0^{\pi/2} n_\mathrm{c} p(a,\theta,\varphi) \overline{S}_{2211}^\mathrm{c}(a_0,\theta,\varphi) \sin\theta \mathrm{d}\theta \mathrm{d}\varphi$$

$$- \iint\limits_{\Omega(\sigma_{\alpha\beta})} n_\mathrm{c} p(a_0,\theta,\varphi) \overline{S}_{2211}^\mathrm{c}(a_0,\theta,\varphi) \sin\theta \mathrm{d}\theta \mathrm{d}\varphi$$

$$+ \iint\limits_{\Omega(\sigma_{\alpha\beta})} n_\mathrm{c} p(a_\mathrm{u},\theta,\varphi) \overline{S}_{2211}^\mathrm{c}(a_\mathrm{u},\theta,\varphi) \sin\theta \mathrm{d}\theta \mathrm{d}\varphi$$

$$(9.31)$$

$$S_{1122} = \frac{1}{E} + \int_0^{2\pi} \int_0^{\pi/2} n_\mathrm{c} p(a,\theta,\varphi) \overline{S}_{1122}^\mathrm{c}(a_0,\theta,\varphi) \sin\theta \mathrm{d}\theta \mathrm{d}\varphi$$

$$- \iint\limits_{\Omega(\sigma_{\alpha\beta})} n_\mathrm{c} p(a_0,\theta,\varphi) \overline{S}_{1122}^\mathrm{c}(a_0,\theta,\varphi) \sin\theta \mathrm{d}\theta \mathrm{d}\varphi$$

$$+ \iint\limits_{\Omega(\sigma_{\alpha\beta})} n_\mathrm{c} p(a_\mathrm{u},\theta,\varphi) \overline{S}_{1122}^\mathrm{c}(a_\mathrm{u},\theta,\varphi) \sin\theta \mathrm{d}\theta \mathrm{d}\varphi$$

$$(9.32)$$

$$S_{1111} = \frac{1}{E} + \int_0^{2\pi} \int_0^{\pi/2} n_\mathrm{c} p(a,\theta,\varphi) \overline{S}_{1111}^\mathrm{c}(a_0,\theta,\varphi) \sin\theta \mathrm{d}\theta \mathrm{d}\varphi$$

$$- \iint\limits_{\Omega(\sigma_{\alpha\beta})} n_\mathrm{c} p(a_0,\theta,\varphi) \overline{S}_{1111}^\mathrm{c}(a_0,\theta,\varphi) \sin\theta \mathrm{d}\theta \mathrm{d}\varphi$$

$$+ \iint\limits_{\Omega(\sigma_{\alpha\beta})} n_\mathrm{c} p(a_\mathrm{u},\theta,\varphi) \overline{S}_{1111}^\mathrm{c}(a_\mathrm{u},\theta,\varphi) \sin\theta \mathrm{d}\theta \mathrm{d}\varphi$$

$$(9.33)$$

式中，$\overline{S}_{ijkl}^\mathrm{c}(a_0,\theta,\varphi)$ 为单个未扩展裂纹的柔度，其半径为微裂纹初始半径 a_0；$\overline{S}_{ijkl}^\mathrm{c}(a_\mathrm{u},\theta,\varphi)$ 为单个已扩展裂纹的柔度，其半径为微裂纹扩展后的半径 a_u。由此给出了花岗岩在有侧压的动态直接拉伸作用下的应力-应变关系。

下面结合 8.2.3 节中细观力学参数的确定及 9.2 节中花岗岩在有侧压的动态直接拉伸作用下抗拉强度给出应力-应变关系的理论解并与试验结果对比。

图 9.4 是在侧压为 20MPa、应变速率为 $10^{-6}s^{-1}$ 条件下花岗岩的应力-应变关系理论结果和试验结果的比较，理论结果和试验结果较为吻合。

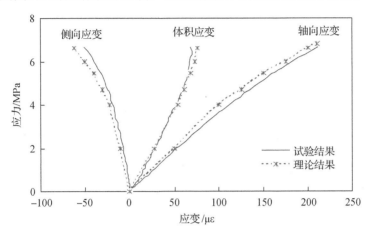

图 9.4　花岗岩的应力-应变关系理论结果与试验结果的比较
（侧压为 20MPa，应变速率为 $10^{-6}s^{-1}$）

图 9.5 给出了不同应变速率和侧压下花岗岩的应力-应变关系理论结果。可以看出，不同应变速率下花岗岩在有侧压直接拉伸条件下的应力-应变关系曲线基本上相同，随着应变速率的增加，花岗岩破坏时的轴向应变和侧向应变有增加的趋势。此外，当应变速率为 $10^{-6}\sim10^{-3}s^{-1}$ 时，随着围压的增加，花岗岩的轴向和横向破坏应变均呈现明显的减小趋势。

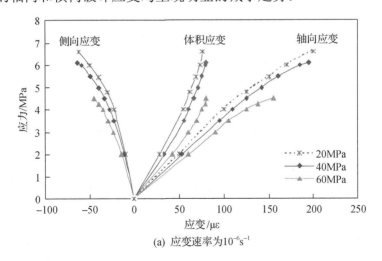

(a) 应变速率为 $10^{-6}s^{-1}$

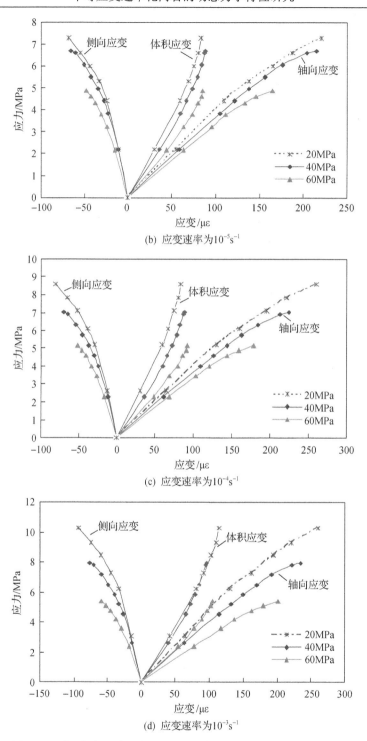

图 9.5　不同应变速率和侧压下花岗岩的应力-应变曲线理论结果

综上所述，当拉应力较小，没有达到临界拉应力时，花岗岩内部的微裂纹和弹性无损基体一样只发生弹性变形，没有发生扩展，这一阶段花岗岩的应力-应变关系是线弹性的，应变属于线性应变；当拉应力达到临界拉应力时，花岗岩内部微裂纹开始发生扩展，由裂纹扩展产生非线性应变，并且花岗岩最后的破坏很大程度上取决于由裂纹扩展产生的非线性应变的大小。为了研究应变速率和侧压对非线性应变的影响，图 9.6 给出了花岗岩破坏的非线性应变与总应变的比值与应变速率和侧压的关系，其中花岗岩破坏非线性应变与总应变的比值采用非线性应变与线性应变的比值表示。

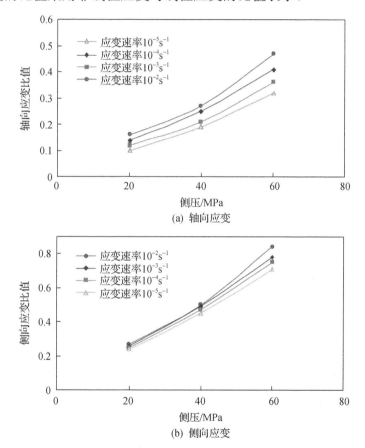

图 9.6　花岗岩破坏非线性应变与总应变的比值与应变速率和侧压的关系

由图 9.6 可以看出，随着应变速率的增加，非线性应变在总应变中所占比例有小幅度的增加趋势。另外，随着侧压的增加，非线性应变占总应变的比例呈现增加趋势，由裂纹模型分析可知，岩石的非线性应变是由微裂纹的扩展引起的，侧压的作用促使了花岗岩一定程度损伤的发生，从而导致非线性应变比例的增加，这也揭示了花岗岩的抗拉强度和拉伸破坏应变随着侧压的增加呈现减小趋势的原因。

参 考 文 献

[1] Costin L S. Static and dynamic fracture behavior of oil shale//Freiman S W, Fuller E R. Fracture Mechanics for Ceramics, Rocks and Concrete. Philadelphia: American Society for Testing and Materials, 1981.

[2] 吴绵拔. 加载速率对岩石断裂韧度的影响. 力学与实践, 1986, 8(4): 21-23.

[3] 尹双增. 断裂、损伤理论及应用. 北京: 清华大学出版社, 1992.

[4] 王武林, 刘远惠, 陆以璐, 等. RDT-10000 型岩石高压动力三轴仪的研制. 岩土力学, 1989, 10(2): 69-82.

[5] Zhao J, Li H B, Wu M B, et al. Dynamic uniaxial compression tests on a granite. International Journal of Rock Mechanics and Mining Sciences, 1999, 36(2): 273-277.

[6] Ulusay R, Hudson J A. The Complete ISRM Suggested Methods for Rock Characterization, Testing and Monitoring: 1974-2006. Iskitler Ankara: Kozan Ofset, 2007.

[7] Shang J L, Shen L T, Zhao J. Hugoniot equation of state of the Bukit Timah granite. International Journal of Rock Mechanics and Mining Sciences, 2000, 37(4): 705-713.

[8] Nemat-Nasser S, Obata M. A microcrack model of dilatancy in brittle materials. Journal of Applied Mechanics, 1988, 55(1): 24-35.

[9] Grady D E, Kipp M E. Continuum modelling of explosive fracture in oil shale. International Journal of Rock Mechanics and Mining Science and Geomechanics Abstract, 1980, (17): 147-157.

[10] Mellor M, Hawkes I. Measurement of tensile strength by diametrical compression of discs and annuli. Engineering Geology, 1971, 5(3): 173-225.

[11] Timoshenko S P, Goodier J N. 弹性理论. 徐芝纶译. 北京: 高等教育出版社, 1980.

[12] 王启智, 贾学明. 用平台巴西圆盘试样确定脆性岩石的弹性模量、拉伸强度和断裂韧度——第一部分: 解析与数值结果. 岩石力学与工程学报, 2002, 21(9): 1285-1289.

[13] 王启智, 吴礼舟. 用平台巴西圆盘试样确定脆性岩石的弹性模量、拉伸强度和断裂韧度——第二部分: 试验结果. 岩石力学与工程学报, 2004, 23(2): 199-204.

[14] Masuda K, Mizutani H, Yamada I. Experimental study of strain-rate dependence and pressure dependence of failure properties of granite. Journal of Physics of the Earth, 1987, 35(1): 37-66.

[15] Sangha C M, Dhir R K. Strength and deformation of rock subjected to multiaxial compressive stresses. International Journal of Rock Mechanics and Mining Sciences, 1975, 12(9): 277-282.

[16] 鞠庆海, 吴绵拔. 岩石材料的三轴压缩动力特性的实验研究. 岩土工程学报, 1993, 15(3): 72-80.

[17] Hamdi E, Romdhane N B, Le Cléac'h J M. A tensile damage model for rocks: Application to blast induced damage assessment. Computers and Geotechnics, 2011, 38(2): 133-141.

[18] Liu L Q, Katsabanis P D. Development of a continuum damage model for blasting analysis. International Journal of Rock Mechanics and Mining Sciences, 1997, 34(2): 217-231.

[19] Wang Z L, Li Y C, Shen R F. Numerical simulation of tensile damage and blast crater in brittle rock due to underground explosion. International Journal of Rock Mechanics and Mining Sciences, 2007, 44(5): 730-738.

[20] Yang R, Bawden W F, Katsabanis P D. A New constitutive model for blast damage. International Journal of Rock Mechanics and Mining Sciences, 1996, 33(3): 245-254.

[21] Wawersik W R, Brace W F. Post-failure behavior of a granite and diabase. Rock Mechanics and Rock Engineering, 1971, 3(2): 61-85.

[22] Bolton M D, Nakata Y, Cheng Y P. Micro- and macro-mechanical behaviour of DEM crushable materials. Geotechnique, 2008, 58(6): 471-480.

[23] Feng X Q, Li J Y, Ma L, et al. Analysis on interaction of numerous microcracks. Computational Materials Science, 2003, 28(3-4): 454-461.

[24] Feng X Q, Li J Y, Yu S W. A simple method for calculating interaction of numerous microcracks and its applications. International Journal of Solids and Structures, 2003, 40(2): 447-464.

[25] 周家文, 徐卫亚. 单轴拉伸条件下脆性岩石微裂纹损伤模型研究. 固体力学学报, 2009, 30(5): 509-514.

[26] Zhang J, Wong T F, Davis D M. Micromechanics of pressure-induced grain crushing in porous rocks. Journal of Geophysical Research: Solid Earth, 1990, 95: 341-352.

[27] Day T N, Wang C Y. Some mechanisms of microcrack growth and interaction in compressive rock failure. International Journal of Rock Mechanics and Mining Sciences, 1981, 18(3): 199-209.

[28] Krajcinovic D. Damage mechanics. Mechanics of Materials, 1989, 8(3): 117-197.

[29] Krajcinovic D, Basista M, Sumarac D. Micromechnically inspired phenomenological damage model. Journal of Applied Mechanics, 1991, 58(2): 305-310.

[30] Johnson K L. Contact Mechanics. Cambridge: Cambridge University Press, 1985.

[31] Kemeny J M, Cook N G W. Crack models for the failure of rocks in compression//Proceedings of the 2nd International Conference on Constitutive Laws for Engineering Materials, Theory and Application, Tucson, 1987.

[32] Kemeny J M, Cook N G W. Micromechanics of deformation in rocks//Shah S P. Toughening Mechanics in Quasi-Brittle Materials. Dordrecht: Kluwer Academic Publisher, 1991: 155-188.

[33] Horii H, Nemat-Nasser S. Compression induced microcrack growth in brittle solids: Axial splitting and shear failure. Journal of Geophysical Research, 1985, 90: 3105-3125.

[34] Horii H, Nemat-Nasser S. Brittle failure in compression: splitting, faulting, and brittle-ductile transition. Philosophical Transactions of the Royal Society of London, 1986, 319(1549): 337-374.

[35] Kachanov M L. A microcrack model of rock inelasticity part II: Propagation of microcracks. Mechanics of Materials, 1982, 1(1): 29-41.

[36] Zaitsev Y. Crack propagation in a composite material//Wittmann F H. Fracture Mechanics of Concrete, Development in Civil Engineering, Amsterdam: Elsevier Science Publishers, 1983: 251-299.

[37] Fanella D A. Fracture and failure of concrete in uniaxial and biaxial loading. Journal of Engineering Mechanics, 1990, 116(11): 2341-2362.

[38] Ju J W, Lee X. Micromechancial damage model for brittle solids I: Tensile loading. Journal of Engineering Mechanics, 1990, 117(14): 1485-1513.

[39] Ju J W, Lee X. Micromechancial damage model for brittle solids II: Compressive loading. Journal of Engineering Mechanics, 1990, 117(14): 1515-1537.

[40] Gambarotta L, Lagomarsino S. A microcrack damage model for brittle materials. International Journal of Solids and Structures, 1993, 30(2): 177-198.

[41] Gambarotta L. Modelling dilatancy and failure of uniaxially compressed brittle materials by microcrack-weaked solids. Engineering Fracture Mechanics, 1993, 46(3): 381-391.

[42] Atkinson C, Cook J M. Effect of loadingrate on crack propagation under compressive stress in a saturated porous material. Journal of Geophysical Research, 1993, 98: 6383-6395.

[43] Deng H, Nemat-Nasser S. Dynamic damage evolution in brittle solids. Mechanics of Materials, 1992, 14(2): 83-103.

[44] Deng H, Nemat-Nasser S. Dynamic damage evolution of solids in compression: Microcracking, plastic flow, and brittle-ductile transition. Journal of Engineering Mechanics and Technology, 1994, 116(3): 286-289.

[45] Deng H, Nemat-Nasser S. Microcrack interaction and shear fault failure. International Journal of Damage Mechanics, 1994, 3(1): 3-37.

[46] Ravichandran G, Subhash G. A micromechanical model for high strain rate behavior of ceramics. International Journal of Solids and Structures, 1995, 32(17-18): 2627-2646.

[47] Rooke D P, Cartwrigth D J. Compendium of Stress Intensity Factors. Middx: The Hillingdon Press, 1976.

[48] Sammis C G, Ashby M F. The failure of brittle porous solids under compressive stress state. Acta Metallurgica, 1986, 34(3): 511-526.

[49] Brace W F, Martin R J. A test of the law of effective stress for crystalline rock of low porosity. International Journal of Rock Mechanics and Mining Sciences, 1968, 5(5): 415-426.

[50] Nemat-Nasser S, Horii H. Compression-induced nonplanar crack extension with application to splitting, exfoliation and rockburst. Journal of Geophysical Research: Solid Earth, 1982, 87: 6805-6821.

[51] Ashby M F, Hallam S D. The failure of brittle solids containing small cracks under compressive stress state. Acta Metallurgica, 1986, 34(3): 497-510.

[52] Steif P S. Crack extenstion under compressive loading. Engineering Fracture Mechanics, 1984, 20(3): 463-473.

[53] Nemat-Nasser S, Deng H. Strain-rate effect on brittle failure in compression. Acta Metallurgical Materials, 1994, 42(3): 1013-1024.

[54] Hallbauer D C, Wagner H, Cook N G W. Some observations concerning the microscopic and mechanical behavior of quartzite specimens in stiff, triaxial compression tests. International Journal of Rock Mechanics and Mining Sciences, 1973, 10(6): 713-725.

[55] Tapponnier P, Brace W F. Development of stress-induced microcracks in Westerly granite. International Journal of Rock Mechanics and Mining Sciences, 1976, 13(4): 103-112.

[56] Tada H, Paris P C, Irwin G R. The Stress Analysis of Cracks Handbook. New York: ASME Press, 1973.

[57] Wiederhorn S M. Fracture mechanics of ceramics//Bradt R C, Hasselman D P H. Microstructure Materials and Applications. New York: Plenum Press, 1974: 613-646.

[58] Atkinson B K, Meredith P G. The Theory of Subcritical Crack Growth with Application to Minerals and Rocks, Fracture Mechanics of Rocks. London: Academic Press, 1987.

[59] Atkinson B K. Subcritical crack growth in geological materials. Journal of Geophysical Research, 1984, 89: 4077-4114.

[60] Kemeny J M, Tang F F. A numerical damage model for rock based on microcrack growth, interaction, and coalescence//Symposium on Damage Mechanics in Engineering Materials at the ASME Winter Annual Meeting, Dallas, 1990: 25-30.

[61] Kemeny J M. A model for non-linear rock deformation under compression due to sub-critical crack growth. International Journal of Rock Mechanics and Mining Sciences, 1991, 28(6): 459-467.

[62] Rose L R F. An approximate（Wiener-Hopf）kernel for dynamic crack problems in linear elasticity and viscoelasticity//Proceedings of Royal Society of London, London, 1976, 349（1659）: 497-521.

[63] Freund L B. Dynamic Fracture Mechanics. Cambridge: Cambridge University Press, 1990.

[64] Dally J W, Fourney W L, Irwin G R. On the uniqueness of the stress intensity factor—Crack velocity relationship. International Journal of Fracture, 1985, 27（3-4）: 159-168.

[65] Friedman M, Perkins R D, Green S J. Observation of brittle-deformation features at the maximum stress of Westly granite and Solenhofen limestone. International Journal of Rock Mechanics and Mining Sciences, 1970, 7（3）: 297-306.

[66] Fredrich J T, Evens B. Effect of grain size on brittle and semibritlle strength: Implication for micromechanics modelling of failure in compression. Journal of Geophysical Research, 1990, 95: 10907-10920.

[67] Basista M, Gross D. The sliding crack model of brittle deformation: An internal variable approach. International Journal of Solids and Structures, 1998, 35（5-6）: 487-509.

[68] Hadley K. Comparison of calculated and observed crack densities and seismic velocities of Westerly granite. Journal of Geophysical Research, 1976, 81（20）: 3484-3494.

[69] Horn H M, Deere D U. Frictional characteristics of minerals. Geotechnique, 1962, 12（4）: 319-335.

[70] Paterson M S. Experimental Rock Deformation, The Brittle Failure. New York: Springer-Verlag, 1978.

[71] Muskhelishvili N I. Some Basic Problems of the Mathematical Theory of Elasticity. Leyden: Noordhoof International Publishing, 1963.

[72] Okui Y, Horii H, Akiyama N. A continuum theory for solids containing microdefects. International Journal of Engineering Sciences, 1993, 31（5）: 735-749.

[73] Okui Y, Horii H. Stress and time-dependent failure of brittle rocks under compression: A theoretical prediction. Journal of Geophysical Research, 1997, 102: 14869-14881.

[74] Lockner D A, Madden T R. A multiple-Crack model of brittle fracture, Ⅰ: Non-time-dependent simulations. Journal of Geophysical Research, 1991, 96（10）: 19623-19642.

[75] Lockner D A, Madden T R. A multiple-Crack model of brittle fracture, Ⅱ: Time dependent simulations. Journal of Geophysical Research, 1991, 96（10）: 19643-19654.

[76] Dugdale D S. Yielding of steel sheets containing slits. Journal of the Mechanics and Physics of Solids, 1960, 8: 100-104.

[77] Feng X Q, Yu S W. Micromechanical modeling of tensile response of elastic-brittle materials. International Journal of Solids and Structures, 1995, 32（22）: 3359-3372.

[78] Krajcinovic D, Fanella D A. A micromechanical model for concrete. Engineering Fracture Mechanics, 1986, 25(5-6): 585-596.

[79] Chen E P, Taylor L M. Fracture of brittle rock under dynamic loading condition//Fracture Mechanics of Ceramics. Boston: Springer-Verlag, 1986: 175-186.

[80] Taylor L M, Chen E P, Kuszmaul J S. Micro-crack induced damage accumulation in brittle rock under dynamic loading. Computer Method in Applied Mechanics and Engineering, 1986, 55(3): 301-320.

[81] Budiansky B, O'Connell R J. Elastic moduli of a cracked solid. International Journal of Solid and Structures, 1976, 12(2): 81-97.

[82] Evans R H, Marathe M S. Microcracking and stress-strain curves for concrete in tension. Materials and Structures, 1968, 1(1): 61-64.

[83] Terrien M. Tensile study of concrete by acoustic emission//The 4th International Colloquium on Nondestructive Testing Techniques, Grenoble, 1979.

[84] Peng S S, Johnson A M. Crack growth and faulting in cylindrical specimens of Chelmsford granite. International Journal of Rock Mechanics and Mining Sciences and Geomechanics Abstracts, 1972, 9(1): 37-86.

[85] Li H, Zhao J, Li T. Triaxial compression tests of a granite at different strain rates and confining pressures. International Journal of Rock Mechanics and Mining Sciences, 1999, 36(8): 1057-1063.